미래를 읽다 과학이슈 11

Season 12

미래를 읽다 과학이슈 11 *Season 12*

초판 3쇄 발행   2022년 5월 20일

글쓴이   신방실 외 10명
편집   이충환 이순아
디자인   이유리 문지현

펴낸이   이경민
펴낸곳   ㈜동아엠앤비
출판등록   2014년 3월 28일(제25100-2014-000025호)
주소   (03737) 서울특별시 서대문구 충정로 35-17 인촌빌딩 1층
홈페이지   www.dongamnb.com
전화   (편집) 02-392-6903 (마케팅) 02-392-6900
팩스   02-392-6902
이메일   damnb0401@naver.com
SNS

ISBN 979-11-6363-555-0 (04400)

미래를 읽다 과학이슈 11

과학이슈 11

Season 12

신방실 외 10명 지음

동아 엠앤비

코로나19
오미크론 변이에서 메타버스까지
최신 과학이슈를 말하다!

들어가며

코로나19(COVID-19) 팬데믹은 현재 진행형이다. 전 세계적으로 확진자 수가 3억 명을 돌파했으며, 사망자는 이미 500만 명을 넘어섰다. 코로나19 바이러스는 델타 변이에 이어 오미크론 변이가 등장했기 때문이다. 그럼에도 코로나19에 대응하기 위해 새로운 백신과 치료제(먹는 치료제)가 개발되고 있다. 인류의 이런 노력이 조만간 결실을 맺을 수 있기를….

이번 『과학이슈11 시즌12』에서는 델타 변이와 오미크론 변이의 등장부터 부스터 샷 접종, 앞으로 개발될 백신과 치료제까지 코로나19의 최신 주요 이슈를 심층 분석했다. 코로나19 바이러스의 오미크론 변이는 얼마나 위험할까? 부스터 샷 접종은 필요할까? 새로운 백신을 맞아야 할까? 먹는 치료제는 효과적일까?

코로나19 외에도 국내외에서 과학기술 관련 이슈가 많았다. 코로나19로 인해 비대면이 익숙해지면서 기존의 가상현실을 넘어선 '메타버스'가 주목받고 있으며, 유엔 산하 '기후변화에 관한 정부간 협의체(IPCC)'에서 미래 기후를 예측한 6차 평가보고서를 내놓았다. 한국형 발사체 '누리호'가 발사됐지만 아쉽게도 '절반의 성공'에 그쳤으며, 중국의 갑작스러운 수출 규제로 국내에서 '요소수 대란'이 벌어지기도 했다. 최근 국내외에서 화제가 됐던 과학이슈를 좀 더 자세히 들여다보자.

요즘 아이돌은 메타버스에서 콘서트를 열고 일부 정치인은 메타버스에서 공약을 홍보한다. 기존의 가상현실보다 한 단계 더 확장된 개념으로 주목받는 메타버스는 비대면 시대에 새로운 장으로 떠오르고 있다. 메타버스는 얼마나 새로운 경험을 제공할 것인가? 기업은 메타버스를 통해 어떤 가능성을 추구할까? 단순한 게임을 넘어 K-메타버스로 진화할 수 있을까?

2021년 8월 IPCC에서 암울한 미래 기후를 예측하는 6차 평가보고서를 공개했다. 이 보고서는 뜨거워지는 지구에 대한 인간의 책임을 명백히 했으며, 이산화탄소 배출량에 따라 펼쳐지는 미래 시나리오를 여러 가지 제시했다. 올해 여름이 과연 가장 시원한 여름일까? 인류는 지구온난화의 흐름을 멈출 수 있을까?

2021년 10월 21일 온 국민의 응원 속에 한국형 발사체 '누리호'가 발사됐다. 아쉽게도 3단 로켓의 연소가 제대로 되지 않아 위성 모사체를 예정된 궤도에 올리지 못해 완벽한 성공은 아니었지만, 새로운 우주개발 시대에 희망을 쐈다. 누리호가 실패한 이유는 무엇일까? 누리호 발사 이후 우리나라는 달 탐사선을 언제 보낼 수 있을까? 2021년 10월 말 중국의 수출 규제 소식이 전해지자 국내에서 요소수 품귀 현상이 나타났다. 중국에서 요소 수입이 막히자, 요소수가 필요한 디젤 승용차, 중대형 화물차가 멈춰설 위기에 처한 것이다. 한때 '요소수 대란'을 걱정하기도 했다. 요소수란 무엇이고, 디젤차에 왜 요소수가 필요할까? 요소 이외에 우리나라가 상당량을 수입에 의존하는 원자재는 어떤 것이 있을까?

이 외에도 우리나라를 비롯한 세계 여러 나라가 지구온난화에 대처하고자 실질적 탄소 배출량을 0으로 만들려는 '탄소중립', 고문서에서 예술작품까지 모든 것을 디지털 자산으로 만드는 '대체 불가능한 토큰 NFT', 2021년부터 미국, 중국, 아랍에미리트 등이 펼치고 있는 '화성 탐사 경쟁', 바둑 인공지능 알파고를 넘어 단백질 구조 예측에 나선 인공지능 '알파폴드', 인류가 기후와 생물종 변화에 미치는 막대한 영향을 지질시대에 반영해야 한다는 '인류세 논란', 기후예측모델, 비대칭 유기촉매, 촉각 연구와 관련해 뛰어난 업적을 이룬 과학자들에게 수여된 '2021년 노벨 과학상' 등이 최근 국내외에서 많은 이의 이목을 끌었던 과학이슈였다.

최근에는 과학계에서 중요한 이슈, 과학적으로 해석해야 하는 이슈가 급증하고 있다. 이런 이슈들을 깊이 분석해 제대로 설명하고자 과학 전문가들이 의기투합했다. 국내 대표 과학 매체의 편집장, 과학 전문기자, 과학 칼럼니스트, 관련 분야의 연구자 등이 최신 과학이슈 11가지를 엄선했다. 이 책에 담긴 11가지 과학이슈를 탐독하다 보면, 관련 이슈가 우리 삶에 어떤 영향을 미칠지, 그 이슈는 앞으로 어떻게 진행될지, 이 때문에 우리 미래는 어떻게 바뀔지 예측하는 능력을 키울 수 있다. 또 이렇게 사회현상을 심층적으로 이해하다 보면, 일반교양을 쌓을 수 있을 뿐만 아니라 각종 논술이나 면접 등을 대비하는 데도 많은 도움을 얻을 수 있을 것이다.

2022년 1월 편집부

ISSUE 11

contents

코로나19
오미크론 변이

오혜진

서강대에서 생명과학을 전공하고, 서울대 과학사 및 과학철학 협동과정에서 과학기술학(STS) 석사 학위를 받았다. 이후 동아사이언스에서 과학기자로 일하며 과학잡지 《어린이과학동아》와 《과학동아》에 기사를 썼다. 현재 과학전문 콘텐츠기획 · 제작사 동아에스앤씨에서 기자로 일하고 있다.

델타 변이에 이어 오미크론 변이 등장, 코로나19의 진화는 어디까지?

인구 100만 명당 누적 코로나19 확진자 수(2021년 12월 27일 기준)

검사 한계 때문에 확진자 수는 실제 감염자 수보다 더 적다. ⓒ Johns Hopkins University CSSE COVID-19 Data

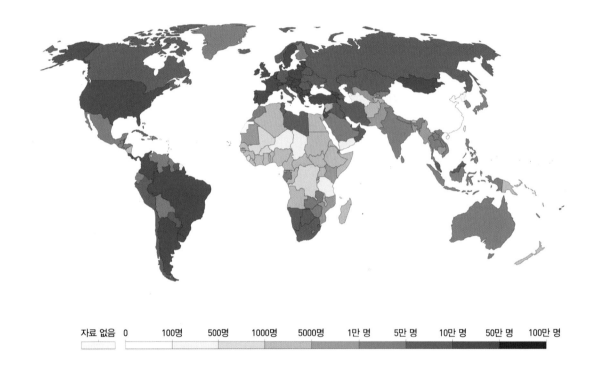

자료 없음   0   100명   500명   1000명   5000명   1만 명   5만 명   10만 명   50만 명   100만 명

금세 끝날 줄 알았던 코로나19 팬데믹이 어느덧 3년째에 접어들고 있다. 팬데믹은 아직도 끝날 기미가 보이지 않고 현재 진행 중이다. 2022년 1월 7일 기준으로 전 세계 누적 코로나19 확진자 수는 3억 명을 돌파했으며, 사망자 수는 540만 명이 넘었다.

2020년 말부터 전 세계에 백신 접종이 시작됐지만 우려했던 대로 백신이 불평등하게 공급되며 부유한 나라와 그렇지 못한 나라 간의 격차가 심화되고 있다. 게다가 미국이나 영국 등은 백신 접종을 먼저 시작했음에도 백신에 대한 불신으로 접종률 답보 상태가 이어지고 있다. 그런 와중에 델타 변이가 등장했고, 잠시 주춤하는 듯했던 코로나19의 확산세는 2021년 7월 이후 그 어떤 때보다 빠른 속도로 증가했다. 그리고 델타 변이의 여파가 채 가시기도 전에 오미크론 변이가 등장하며 확진자 수가 폭증하고 있다.

다행인 것은 델타 변이로 백신의 예방 효과는 다소 감소했지만 위중증으로 진행되는 것을 막는 효과는 유지돼 치명률은 떨어졌다는 점이다. 오미크론 변이도 추가 접종으로 어느 정도 효과가 있는 것으로 알려졌다. 또 mRNA와 벡터 백신 외에 팬데믹을 극복하기 위한 다양한 백신이 개발되고 있어 조만간 또 다른 백신을 만나볼 수 있을 예정이다. 먹을 수 있는 치료제도 성공적인 임상시험 결과가 발표돼 올해 초에 공급될 예정이다. 백신과 치료제의 조합은 팬데믹 극복에 큰 역할을 할 것이다. 델타 변이부터 오미크론 변이의 등장, 부스터 샷 접종, 앞으로 개발될 백신과 치료제까지 최근 코로나19 팬데믹의 주요 이슈들을 살펴보자.

어마어마한 전파력의 델타 변이 등장

2020년 말부터 전 세계에 백신 접종이 시작되면서 코로나19의 확산세가 점점 줄어들기 시작했다. 모두가 팬데믹 이전으로 돌아갈 수 있다는 희망에 부풀었다. 하지만 '델타 변이(B.1.617.2)'가 등장하면서 그 꿈은 산산조각이 났다.

팬데믹이 시작된 이후 코로나19 바이러스에 수많은 변이가 나타났지만, 델타 변이의 확산세는 어마어마했다. 백신 접종률의 속도는 델타 변이의 확산세를 따라잡지 못했고, 백신 접종을 먼저 시작해 접종률이 높은 미국과 영국에서도 7~8월 각각 평균 10만 명, 2~3만 명 이상의 확진자가 나왔다. 백신 접종 완료자도 바이러스에 감염되는 '돌파감

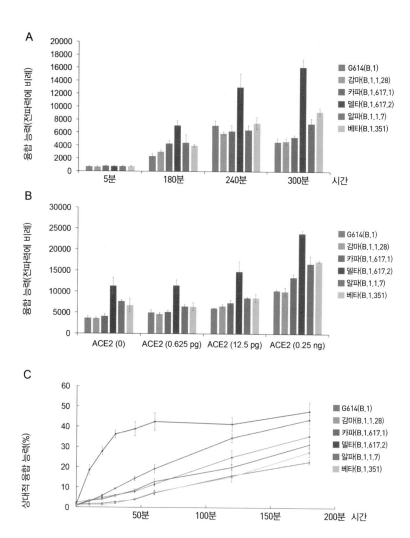

염'이 일어나 백신 효과가 떨어지는 것 아니냐는 우려 속에 전 세계는 4차 대유행을 맞았고, 한국에서도 팬데믹 이후 처음으로 하루 확진자 수가 2000명 이상을 기록했다. 델타 변이는 전 세계를 휩쓸면서 금세 코로나19 팬데믹의 지배 변이가 됐다.

2020년 10월 인도에서 처음 발견된 델타 변이는 전파력이 높다고 알려진 기존의 알파 변이보다도 1.6배 더 높은 전파력을 보였다. 미국 하버드의대 보스턴어린이병원 연구팀은 스파이크 단백질의 향상된 막 융합 능력을 그 이유로 꼽았다. 코로나19 바이러스는 체내에 들어와 가장 먼저 세포 표면에 있는 안지오텐신전환효소2(ACE2) 수용체에 결합한다. 결합 후 스파이크 단백질 모양은 크게 바뀌고, 이때 바이러스 입자의 외막과 세포막이 융합되면서 바이러스의 유전체가 세포 내로 침투한다.

연구팀은 세포 실험을 통해 델타 변이의 스파이크 단백질이 다른 변이보다 훨씬 빠르게 막 융합이 일어나는 것을 관찰했다. 5분이 지났을 때 델타 변이와 다른 변이의 막 융합 정도는 비슷했지만, 시간이 지날수록 차이가 크게 벌어졌다. 이 능력은 ACE2 수용체가 적은 세포를 감염시킬 때 더 큰 차이를 보일 수 있다. 연구를 이끈 빙 첸 하버드의대 소아과 교수는 "이 결과는 델타 변이가 왜 훨씬 더 빨리 전염되는지, 왜 짧은 시간만 노출돼도 감염되는지, 왜 더 많은 세포를 감염시키고 체내에 높은 바이러스량을 갖게 만드는지를 설명해 준다"고 말했다.

최근 미국 UC버클리와 UC샌프란시스코 공동 연구팀은 델타 변이의 높은 전파력이 뉴클레오캡시드 단백질의 돌연변이 때문일 수 있다는 연구 결과를 발표했다. 그동안 과학자들은 스파이크 단백질의 돌연변이에만 주목했고 다른 유전자의 변이는 상대적으로 관심을 갖지 않았다. 연구팀이 주목한 뉴클레오캡시드 단백질은 코로나19 바이러스의 유전체(RNA)를 감싸 외부로부터 보호하고, 증식 과정에서 중요한 역할을 한다.

연구팀은 바이러스 유사 입자(VLP)라고 불리는 인공 바이러스를 실험에 이용했다. VLP는 코로나19 바이러스의 모든 단백질을 갖고 있지만 유전체(RNA)가 없어 세포에 감염돼도 증식을 하지 않는다. 연구팀은 VLP에 코로나19 바이러스의 RNA 대신 형광을 내는 mRNA 조각을 넣었다. 세포가 VLP에 감염돼 더 밝게 빛날수록 바이러스의 유전물질이 세포로 더 잘 침투했다고 볼 수 있다.

연구팀은 뉴클레오캡시드 단백질에 델타 변이에서 발견된 돌연변이(R203M)가 있으면 원래 바이러스에 비해 10배 더 빛이 강해지는 것을 확인했다. 알파 변이는 7.5배, 감마 변이는 원래 바이러스보다 4.2

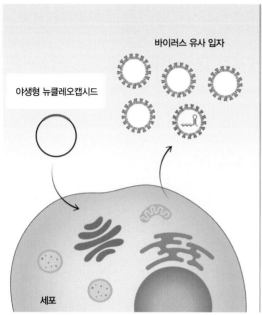
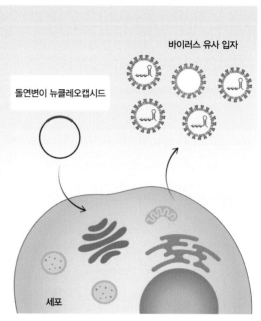

바이러스 유사 입자

야생형 뉴클레오캡시드

돌연변이 뉴클레오캡시드

바이러스 유사 입자

세포

세포

**바이러스
유사입자(VLP) 실험**

미국 연구팀은 바이러스
유사입자(VLP)를 이용한
실험으로 뉴클레오캡시드
단백질의 돌연변이 때문에
델타 변이의 전파력이
높아졌다는 연구결과를
발표했다. ⓒ Innovative Genomics
Institute

배 더 밝았다. 이어 연구팀은 R203M 돌연변이(203번 아미노산이 아르기닌(R)에서 메티오닌(M)으로 바뀐 돌연변이)를 가진 진짜 코로나바이러스를 폐 세포에 감염시키는 실험을 진행했다. 그 결과 돌연변이 바이러스는 원래 코로나19 바이러스보다 51배 더 많은 바이러스를 생산했다. 바이러스가 인체 세포 안에 RNA를 더 잘 침투하게 할수록 복제되는 바이러스의 수도 더 많아지는 것이다. 연구에 참여한 압둘라 사이예드 UC샌프란시스코 글래드스톤연구소 연구원은 "델타 변이에서 발견된 돌연변이는 바이러스가 더 잘 증식하게 하고 이로 인해 더 빨리 퍼진다"고 말했다.

델타 변이는 백신 효과도 떨어뜨렸다. 미국 질병통제예방센터(CDC)는 2021년 8월 델타 변이 유행 전후의 화이자 및 모더나의 mRNA 백신 효과를 공개했다. 델타 변이 유행 이전에는 백신 효과가 91%였던 반면, 델타 변이가 우세한 이후 백신 효과는 66%로 크게 줄었다. 하지만 CDC는 백신을 맞으면 중증 예방 효과는 90%로, 백신 접종에 대한 유효성은 여전히 유지된다고 밝혔다.

델타 변이에 이어 확산속도 더 빠른 오미크론 변이까지 등장

변이 바이러스가 계속 등장하자 WHO는 전파력과 증상 변화, 백신 효과 등을 고려해 '우려 변이'를 지정해 감시하고 있다. 우려 변이에는 알파, 베타, 감마, 델타, 오미크론의 다섯 개의 변이가 있다. 알파 변이는 '영국 변이'로 불렸던 B.1.1.7 변이체로, 2020년 9월에 처음 발견된 이후 그해 12월부터 전 세계에 급속도로 확산되기 시작했다. 베타 변이는 2020년 5월 남아프리카공화국에서 발견돼 '남아프리카공화국 변이'로 불린 B.1.351 변이 바이러스다. 높은 전파력에 더해 백신의 효능을 떨어뜨릴 수 있다는 연구 결과가 발표돼 우려 변이로 지정됐다. 감마 변이는 2020년 11월 브라질에서 처음 발견됐으며, 전파력이 2배 높은 것으로 추정되고 있다.

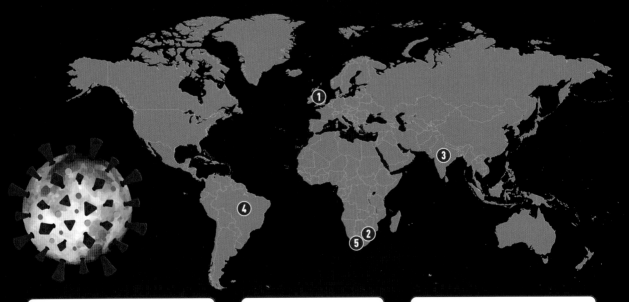

코로나19 바이러스의 우려 변이
WHO는 코로나19 바이러스의 변이 중에서 알파, 베타, 감마, 델타, 오미크론 변이를 '우려 변이'로 지정해 감시하고 있다.

1 알파 (B.1.1.7)
처음 발견: 2020년 9월, 영국
스파이크 단백질 돌연변이: 11개
(초기 종보다 50% 더 전염력이 강함)

2 베타 (B.1.351)
처음 발견: 2020년 5월,
남아프리카공화국
스파이크 단백질 돌연변이: 10개

3 델타 (B.1.617.2)
처음 발견: 2020년 10월, 인도
스파이크 단백질 돌연변이: 10개(초기 종보다 60% 더 전염력이 강함)

4 감마 (B.1.1.248)
처음 발견: 2020년 11월, 브라질
스파이크 단백질 돌연변이: 12개

5 오미크론 (B.1.1.5.29)
처음 발견: 2021년 11월, 여러 국가*
스파이크 단백질 돌연변이: 32개
*오미크론 변이는 남아프리카공화국에서 발견되기 전에 이미 서유럽에 퍼져 있었다는 보고들이 있었다.

WHO는 우려 변이 외에도 '관심 변이'를 지정했다. 관심 변이는 우려 변이보다는 심각하지 않지만, 관심을 갖고 지켜봐야 하는 단계의 변이다. 람다와 뮤 변이가 여기에 속한다. 람다 변이는 2020년 12월 페루에서 처음 발견됐고, 뮤 변이는 2021년 1월 콜롬비아에서 처음 발견됐다. 두 변이 모두 남미를 중심으로 확산됐다. 람다와 뮤 변이는 백신이 무력화될 것이라는 우려가 많았으나, 점점 확산세가 줄어들면서 현재 델타 변이만큼의 전파력을 갖지는 않는 것으로 보인다.

백악관 수석 의료고문인 앤서니 파우치 미국 국립알레르기·전염병연구소(NIAID) 소장은 2021년 10월 13일 백악관 코로나19 대응 브리핑에서 "델타 변이를 능가할 변이는 출현하지 않을 것"이라고 발표했다. 그는 "바이러스에게 복제할 기회를 주지 않으면 바이러스는 돌연변이를 일으키지 않는다"며 "압도적인 백신 접종률을 통해 지역사회에서 바이러스를 통제하면 새로운 변이 바이러스의 출현을 예방할 수 있을 것"이라고 말했다.

하지만 한 달 뒤 전문가들의 발언이 무색하게 델타 변이보다 전염력이 높은 '오미크론' 변이가 등장했다. 오미크론 변이는 2021년 11월 9일 남아프리카공화국에서 처음 확인됐으며, 11월 24일 WHO에 보고될 때까지 몇 주간 아프리카 내에서 확진자가 급격히 증가했다. WHO는 오미크론 변이의 전염력과 확산세를 지켜보고, 11월 26일 오미크론 변이를 우려 변이로 지정해 전 세계적으로 위험이 '매우 높다'고 경고했다.

오미크론 변이는 유전체에 50개 이상의 돌연변이가 일어난 것으로 나타났다. 그런데 스파이크 단백질에만 32개의 돌연변이가 발생해 우려의 목소리를 높였다. 코로나19 바이러스는 스파이크 단백질을 이용해 우리 몸에 침투하기 때문에 스파이크 단백질에 변이가 일어나면 감염력에 변화가 일어날 수 있다. 게다가 지금까지 접종되고 있는 모든 백신은 스파이크 단백질을 표적으로 하고 있다. 그런데 스파이크 단백질에 변이가 많이 일어나면, 그만큼 백신의 예방 효과가 떨어질 가능성이 높다.

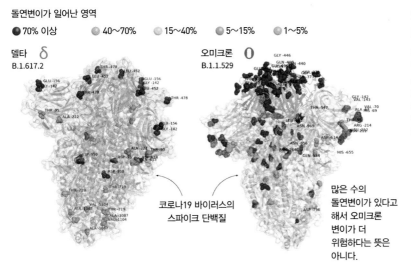

돌연변이가 일어난 영역

● 70% 이상　● 40~70%　● 15~40%　● 5~15%　● 1~5%

델타 δ
B.1.617.2

오미크론 O
B.1.1.529

코로나19 바이러스의
스파이크 단백질

많은 수의
돌연변이가 있다고
해서 오미크론
변이가 더
위험하다는 뜻은
아니다.

**코로나19 델타 변이와
오미크론 변이의
스파이크 단백질 비교**
델타 변이와 오미크론 변이의
스파이크 단백질을 비교하면,
오미크론 변이는 델타 변이에
비해 훨씬 더 많은 돌연변이가
일어난 것을 알 수 있다.
© Bambino Gesu hospital in Rome

　놀랍게도 오미크론 변이는 알파, 베타, 감마, 델타 변이에서 갈라
져 나온 것이 아니라 독자적으로 진화해온 것으로 보인다. 과학자들이
오미크론 변이의 계보를 추적한 결과, 가장 가까운 변이가 2020년 중반
에 나타났다. 이를 토대로 과학자들은 오미크론 변이의 기원을 여러 가
지로 추정했다. 우선 코로나19로 진단되지 않거나 발견되지 않은 사람
들 사이에서 진화했을 가능성이 있다. 아프리카 대륙은 의료 환경이 열
악해 코로나19 진단과 변이 감시가 원활하지 않을 수 있다. 또 다른 가
설은 암이나 인간면역결핍바이러스(HIV)에 걸려 면역 체계가 약해진
사람에게서 오미크론 변이가 생겼다는 추정이다. 면역 체계가 약화돼
있으면 바이러스 감염과 싸우는 데 오랜 시간이 걸린다. 이 시간 동안
바이러스는 사람의 면역 방어를 피하기 위해 진화한다. 마지막으로 바
이러스가 동물에게 숨어서 오미크론 변이로 진화한 다음 다시 인간에
게 전파됐을 가능성이다. 실제로 많은 동물이 코로나19 바이러스에 취
약하다는 사실이 밝혀졌으며, 사람에게서 동물로 코로나19 바이러스가
전파된 사례가 무수히 많다. 일부 과학자들은 특히 설치류에서 오미크

론 변이가 생겼을 가능성이 높다고 주장하기도 했다.

오미크론 변이는 등장 이후 채 한 달도 지나지 않아 110개 이상의 국가로 퍼졌다. 한국에서도 2021년 12월 1일 첫 오미크론 변이 확진자가 나온 이후 계속 증가해 2022년 1월 4일 기준으로 1318명의 누적 감염자를 기록했다. 한국은 아직 델타 변이가 우세하지만, 영국이나 미국 등의 국가에서는 오미크론 변이가 델타 변이를 누르고 우세 변이가 돼 가고 있다. 영국은 신규 확진자의 80%가 오미크론 변이 확진자다. 미국도 질병통제예방센터(CDC)에 따르면 2021년 12월 19일부터 25일까지 신규 확진자의 58.6%가 오미크론 변이 확진자로 41.1%인 델타 변이 확진자를 앞질렀다. 유럽질병예방통제센터(ECDC)도 유럽에서 두 달 안에 오미크론 변이가 델타 변이를 추월할 것으로 전망했다.

예비 연구들을 통해 오미크론은 델타 변이보다 2~3배 전염속도가 빠르다는 것이 밝혀졌다. 로셀 월렌스키 미국 CDC 국장은 2021년 12월 15일 백악관 뉴스 브리핑에서 오미크론 확진자가 2배 늘어나는 데 약 이틀이 걸린다고 말했다. 델타 변이는 확산세가 시작될 때 2주마다 두 배로 증가했다. 잠복기도 짧은 것으로 나타났다. 델타 변이의 잠복기가 4일이었던 반면, 오미크론의 잠복기는 3일로 더 짧아졌다. 잠복기가 짧아지면 그만큼 증상도 빨리 나타나 바이러스를 더 빨리 퍼뜨릴 수 있다. 아직 오미크론 변이가 등장한 지 얼마 되지 않아 전염성이 높은 이유에 대해서는 확실히 밝혀지지 않았다. 델타 변이보다 오미크론 변이가 더 잘 감염되거나 면역 반응을 회피하거나 숙주 세포 내에서 더 많이 증식하기 때문일 수 있다. 또 예비 연구에 따르면, 오미크론 변이는 코나 기관지 등에서 주로 증식해 폐 깊숙이에서 증식하는 것보다 기침이나 비말로 더 많은 바이러스를 퍼뜨릴 수 있다.

아직 단언할 수는 없지만, 오미크론 변이에 감염되면 이전 변이보다 증상은 경미한 것으로 보인다. 남아프리카공화국의 초기 발표에 따르면 오미크론 확진자들은 기침, 코막힘, 인후통 등 가벼운 감기 증상을 보였다. 또 영국 임상 사례에 의하면 오미크론 변이는 델타 변이보다 입원할 확률이 50~70% 줄었다. 하지만 전문가들은 오미크론 변이가 델타 변이보다 경미한 증상을 유발한다는 확실한 증거는 아직 없다고 못 박았다. 데이터가 너무 부족하기 때문이다. 고령층이나 기저 질환자 등 고위험군에 대한 위험성도 아직 밝혀진 것이 없다. 실제로 한국에서는 2022년 1월 3일 90대 환자 2명이 오미크론 변이로 사망했다.

코로나19 바이러스의 진화는 끝나지 않고 있다. 2022년 1월 4일에는 프랑스에서 46개의 돌연변이를 가진 코로나19 변이(B.1.640.2)가 발견됐다는 소식이 전해졌다. 이 변이는 2021년 12월 10일 처음 발견됐다. 다만 프랑스에서 12명의 감염자가 확인된 이후 추가 확산은 아직 발견되지 않았으며, 오미크론 변이와 같은 확산세를 일으킬지는 아직 미지수다.

부스터 샷 접종 논란, 불평등 심화냐, 오미크론 확산세 잡기냐

델타 변이가 확산되고 백신 접종 완료자에게도 돌파 감염이 일어나자 '부스터 샷(추가 접종)'이 화두로 떠올랐다. 2021년 9월 화이자는 백신 접종 완료 후 6~8개월이 지나면 체내 항체의 농도가 줄어들어 백신의 예방 효능이 떨어진다고 발표했다. 2개월마다 약 6%씩 효능이 감소한다는 뜻이다. 그러면서 화이자는 임상시험을 통해 백신 접종 완료자에게 추가로 3차 접종을 한 결과 약 95%까지 백신 효능이 다시 증가했다며 미국식품의약국(FDA)에 부스터 샷 승인을 촉구했다. 10월에는 모더나도 부스터 샷 요구에 동참했다.

이에 부스터 샷이 꼭 필요한가를 두고 찬반 논란이 격화됐다. 가장 큰 이유는 백신 공급의 형평성 문제다. 2022년 1월 7일 기준으로 지금까지 세계 인구의 85.5%가 최소 1회 이상 백신 접종을 받았다. 하지만 저소득 국가는 접종률이 고작 8.8%에 불과하다. 백신 접종이 시작될 때부터 백신 공급의 형평성 문제가 지적됐지만, 1년이 지나도록 격차는 악화만 될 뿐 줄어들지 않았다.

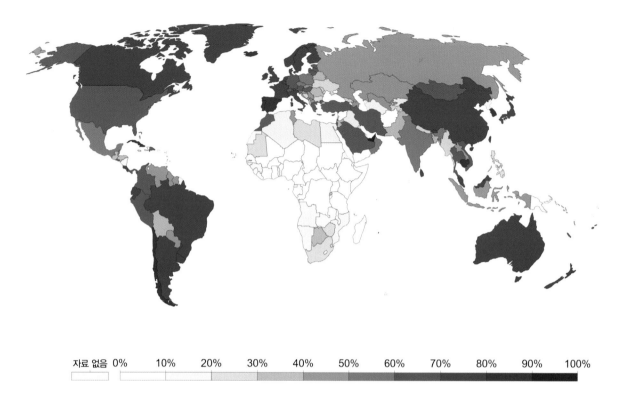

자료 없음　0%　　10%　　20%　　30%　　40%　　50%　　60%　　70%　　80%　　90%　　100%

백신 불평등 세계지도

각국에서 코로나19 백신을
적어도 한 번 맞은 사람들을
총인구로 나눈 비율을
보여준다. 아프리카 대륙의
접종률이 상당히 떨어진다는
사실을 확인할 수 있다.
ⓒ wikipedia/Our World in Data

　　2021년 3월부터 8월까지 미국에서 버려진 코로나19 백신은 최소
1500만 회 분에 이른다. 한국에서도 유통기한 경과 등으로 버려진 코로
나19 백신이 94만 회 분에 달하는 것으로 나타났다. 저소득 국가에서는
백신이 부족해 허덕이고 있는데, 부유한 국가에서는 백신이 남아돌아
버려지고 있는 셈이다. 이렇게 전 세계에 백신이 고루 공급되고 있지 않
은 상황에서 WHO는 부스터 샷이 불평등을 더 악화시킬 것이라며 강
하게 비판했다.

　　백신 전문가들도 부스터 샷이 필요하다는 증거가 충분하지 않다
고 주장했다. 미국 FDA와 WHO 소속 과학자 18명은 2021년 9월 13
일 국제학술지 〈란셋〉에 일반 사람들에게 부스터 샷은 필요하지 않다는
논평을 발표했다. 시간에 따라 항체 농도가 줄어든다고 해서 실제로 백
신의 감염 예방 효과가 떨어진다고 볼 수는 없다는 뜻이다. 체내에 항체

농도가 떨어져도 기억 세포는 그대로 남아 있어 코로나19에 감염돼도 면역 반응은 여전히 일어날 수 있기 때문이다.

하지만 반대 의견에도 불구하고 델타 변이의 확산이 거세지자 2021년 7월 이스라엘을 시작으로 많은 국가가 부스터 샷 접종을 결정했다. 한국도 10월부터 부스터 샷 접종을 시작했다. 게다가 델타 변이보다 백신 효과를 떨어뜨리는 오미크론 변이의 등장으로 부스터 샷 접종은 이제 '필수'가 되어가고 있다. 당장 오미크론 변이의 확산세를 억제하고 중증 환자를 최소화하기 위해서는 부스터 샷 접종이 거의 유일한 대안이기 때문이다. 몇몇 제약회사가 오미크론 변이에 맞는 백신을 개발하겠다고 발표했지만, 임상시험과 규제 승인, 생산과 공급까지 또 수개월이 걸려, 이 공백을 막는 데는 부스터 샷 외엔 다른 효과적인 방법이 없다.

다행히 부스터 샷을 맞으면 오미크론 변이에 대해서도 기존 백신이 효과를 보이는 것으로 나타났다. 영국보건안전청은 부스터 샷을 맞으면 75%로 감염 예방 효과가 증가하며 중증 예방 효과도 유지된다고 발표했다. 화이자와 모더나도 자사 연구를 통해 백신을 3회 접종하면 2회 접종했을 때보다 오미크론 변이에 대한 중화항체가 화이자 백신은 25배, 모더나 백신은 37배 증가했다고 밝혔다.

이에 전문가들은 부스터 샷을 맞을 것을 권고하고 있다. 다만 부스터 샷을 맞는 것보다 더 중요한 것은 더 많은 사람이 한 번이라도 백신을 접종하는 것이라고 강조한다. 특히 새로운 변이 출현을 막기 위해서라도 전 세계 모든 인구가 백신을 맞아야 한다.

재조합 백신부터 나노입자 백신까지 개발 중

현재 몇 가지의 백신이 접종되고 있지만, 팬데믹이라는 긴급하고 예측 불가능한 상황에 빠르게 대처하기 위해서는 다양한 백신이 개발돼야 한다. 과학자들은 보관과 제조가 더 쉽고, 더 효과적인 백신을 만들기 위해 모든 백신 개발 전략을 총동원하고 있다. 앞으로 어떤 백신들이 나올 수 있을까.

먼저 항원이 될 수 있는 바이러스의 껍질이나 단백질 등을 유전자 재조합 기술로 만든 재조합 백신이 있다. B형 간염 백신이나 자궁경부 암을 일으키는 인유두종바이러스(HPV) 백신 등이 이 방법으로 개발됐다. 재조합 백신 개발로 가장 앞서 있는 곳은 미국의 제약회사 노바백스다. 노바백스 백신은 미국과 멕시코에서 2만 9960명을 대상으로 임상시험을 진행한 결과 90.4%의 예방 효과를 보였다. 백신은 3주 간격으로 두 차례 접종됐다.

노바백스의 백신의 제조 과정은 이렇다. 먼저 코로나19 바이러스의 스파이크 단백질 유전자를 배큘로바이러스의 유전체에 끼워 넣는다. 배큘로바이러스는 곤충을 감염시키는 바이러스다. 이 바이러스가 나방 세포를 감염시키면 그 안에서 증식하면서 스파이크 단백질도 함께 대량으로 합성한다. 이 스파이크 단백질만 대량으로 정제해 얻은 뒤, 면역 증강제 역할을 할 사포닌을 추가해 백신으로 만든 것이다.

노바백스 백신(NVX-CoV2373)의 메커니즘
코로나19 바이러스의 스파이크 단백질 유전자를 배큘로바이러스의 유전체에 끼워 넣는다. 이 바이러스가 나방 세포를 감염시키면 그 안에서 증식하며 스파이크 단백질도 함께 대량 합성한다. 이 스파이크 단백질만 정제한 뒤, 면역 증강제 역할의 사포닌을 추가해 백신으로 만든다. © NOVAVAX

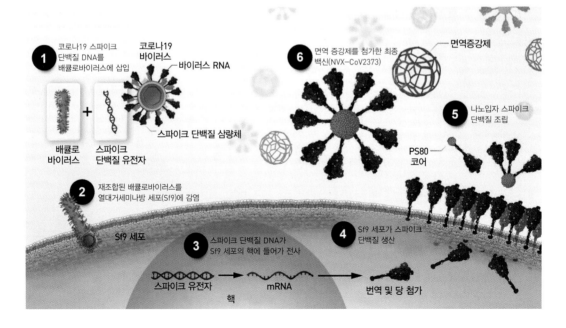

① 코로나19 스파이크 단백질 DNA를 배큘로바이러스에 삽입

코로나19 바이러스
바이러스 RNA
스파이크 단백질 삼량체

배큘로 바이러스 + 스파이크 단백질 유전자

② 재조합된 배큘로바이러스를 열대거세미나방 세포(Sf9)에 감염

Sf9 세포

③ 스파이크 단백질 DNA가 Sf9 세포의 핵에 들어가 전사
스파이크 유전자 → mRNA → 번역 및 당 첨가
핵

④ Sf9 세포가 스파이크 단백질 생산

⑤ 나노입자 스파이크 단백질 조립

PS80 코어

⑥ 면역 증강제를 첨가한 최종 백신(NVX-CoV2373)
면역증강제

전문가들은 노바백스의 재조합 백신은 이미 다른 백신들로 검증된 방법이 적용돼 안정성이 보장되기 때문에 접종률을 높일 수 있는 효과적인 백신 중 하나가 될 것이라고 전망하고 있다. mRNA 백신은 신기술이라 아직 안정성이 검증되지 않았다며 백신을 거부하고 있는 사람들이 있기 때문이다. 노바백스 백신은 이런 불신을 메울 수 있을 것으로 기대된다. 2021년 11월 인도네시아에서 긴급 사용 승인을 받았고, 2022년 1월 7일 현재 WHO와 유럽의약품청(EMA)의 승인을 받은 상태이며, 한국에서도 1월 12일 식약처가 노바백스 백신의 사용을 승인했다.

이와 비슷한 방식으로 세포 대신 식물을 이용하는 백신도 곧 출시될 예정이다. 항원으로 만들고 싶은 바이러스의 유전자를 식물에 주입해, 식물로부터 이 유전자에 대한 단백질을 대량으로 합성하게 한 뒤 단백질을 추출해 만드는 백신이다. 식물을 온실에서 4~6일 정도 키운 뒤 단백질을 수확하기만 하면 되므로 간단하다는 장점이 있다. 2021년 5월 캐나다 제약회사인 메디카고가 식물 기반 코로나19 바이러스 백신의 임상시험 2상 결과를 공개한 바 있다. 메디카고는 21일 간격으로 두 차례 백신을 접종한 결과, 코로나19에 걸렸다가 회복된 사람보다 10배 이상의 중화항체가 생성되고 세포 면역 반응이 일어나는 것을 확인했다고 발표했다.

mRNA 백신에서 한 발 더 나아간 '자가증폭 RNA 백신'도 개발되고 있다. 기존 mRNA 백신의 단점은 주입한 mRNA의 양만큼 항원이

자가증폭 RNA 백신

mRNA에 RNA 복제 효소 유전자를 함께 넣으면, 이 복제 효소가 mRNA를 계속 생산하고, 이에 따라 스파이크 단백질이 계속 합성될 수 있다. 항원이 유지되므로 오래 면역 반응이 일어날 수 있다.

© Nature

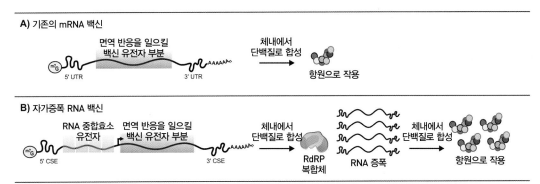

A) 기존의 mRNA 백신

면역 반응을 일으킬 백신 유전자 부분

5' UTR   3' UTR

체내에서 단백질로 합성 → 항원으로 작용

B) 자가증폭 RNA 백신

RNA 중합효소 유전자   면역 반응을 일으킬 백신 유전자 부분

5' CSE   3' CSE

체내에서 단백질로 합성   RdRP 복합체   RNA 증폭   체내에서 단백질로 합성   항원으로 작용

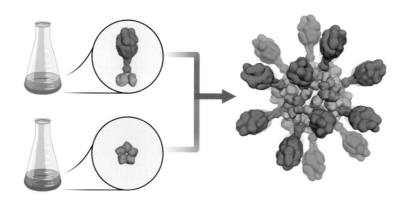

**나노입자 백신의
메커니즘**
미국 워싱턴대 연구팀은
축구공 모양의 나노입자
표면에 스파이크 단백질의
일부인 RBD 단백질을 60개
부착해 백신을 개발했다.
© UW Medicine Institute for Protein
Design

될 수 있는 스파이크 단백질의 양이 제한된다는 사실이다. mRNA가 분
해되면 더 이상 스파이크 단백질을 생산할 수 없기 때문이다. 이를 개선
하기 위해 등장한 것이 자가증폭 RNA 백신이다. mRNA에 RNA 복제
효소 유전자를 함께 넣는 방식이다. 이 복제 효소가 mRNA를 계속 생
산하고, 이에 따라 스파이크 단백질이 계속 합성될 수 있다. 항원이 계
속 유지되기 때문에 오랫동안 강력한 면역 반응을 유발할 수 있어 추가
접종이 필요하지 않다.

마지막으로 '나노입자 백신'이 있다. 스파이크 단백질 전체를 주
입하는 대신, 스파이크 단백질의 일부, 즉 ACE2 수용체와 결합하는 영
역(RBD)만을 백신으로 제작한 방식이다. 미
국 워싱턴대 연구팀은 축구공 모양의 나노입
자 표면에 이 RBD 단백질을 60개 부착해 백
신을 만들었다. 그 결과 단백질 전체 부위를
사용하는 방식보다 최소 10배 더 많은 항체를
만들 수 있었다. 연구팀이 개발한 이 백신은
현재 SK바이오사이언스와 함께 개발 중이며
임상 3상 단계에 진입해 있다.

미국 워싱턴대 연구팀이
개발한 나노입자 백신.
© Ian C. Haydon Institute for Protein
Design

먹는 치료제 등장, 몰누피라비르와 팍스로비드

현재 정식으로 승인받은 코로나19 치료제는 렘데시비르가 유일하다. 렘데시비르는 한국을 포함한 50여 개 국가에서 중증의 코로나 환자에게 투여되고 있지만, 치료제로서의 효과에 대해서는 아직도 논란이 많다. 항체 치료제도 쓰이고 있지만, 항체 치료제와 렘데시비르는 모두 정맥 주사로 투여하는 약물이라 많이 불편하다. 신종플루가 유행할 때 먹는 치료제인 '타미플루'가 있었던 것처럼 코로나19도 병원에 입원하지 않고 누구나 쉽고 편하게 먹을 수 있는 치료제가 필요하다. 코로나19에 대한 먹는 치료제도 아마 곧 만나볼 수 있을 것 같다. 제약회사들의 성공 소식이 들리고 있기 때문이다.

가장 먼저 긍정적인 소식을 발표한 곳은 미국의 제약회사 머크앤드컴퍼니(MSD)다. 2021년 10월 1일 MSD는 먹을 수 있는 항바이러스제인 '몰누피라비르'에 대한 임상시험이 성공적이었다고 발표했다. 몰누피라비르는 RNA를 이루는 리보뉴클레오시드와 비슷한 물질로, 바이러스의 RNA 중합효소가 RNA를 복제할 때 정상적인 리보뉴클레오시드 대신 끼어들어 돌연변이를 일으킨다. 더 이상 복제를 하지 못하도록 만들어 바이러스의 증식을 막는 방식이다.

MSD는 임상 3상 시험에서 코로나19 환자 775명을 대상으로 5일간 하루에 2번 몰누피라비르를 복용하도록 했다. 투여 결과 몰누피라비르를 복용한 사람은 그렇지 않은 사람보다 입원 가능성이 절반으로 줄었다. 위약을 투여받은 환자는 8명이 사망한 반면, 몰누피라비르를 복용한 환자 중에는 사망자가 없었다. 다만 몰누피라비르는 증상이 나타난 후 조기에 복용해야 효과를 볼 수 있는 것으로 나타났다. 증상이 진행된 경우에 먹으면 효과가 떨어졌다.

MSD의 발표로 전 세계 모든 언론이 몰누피라비르를 두고 '게임체인저', '2021년 최고의 뉴스'라며 입을 모아 흥분했다. 백신과 항바이러스제의 조합은 코로나19를 통제하는 강력한 도구가 될 수 있기 때문

HN-OH

Molnupiravir
$C_{13}H_{19}N_3O_7$

몰누피라비르의 화학 구조.

먹는 코로나19 치료제 '몰루피라비르'. 미국의 머크앤드컴퍼니에서 개발 중이다.

이다. 하지만 한 달 뒤 발표된 임상시험 최종 결과는 사람들의 희망을 꺾었다. 몰누피라비르는 입원과 사망 위험을 30%밖에 감소시키지 못하는 것으로 나타났다. 처음 공개된 결과(50%)보다 20% 떨어진 수치다.

일각에서는 몰누피라비르의 부작용을 우려하는 목소리도 나왔다. 몰누피라비르가 바이러스 유전체뿐만 아니라 인체 세포에도 돌연변이를 일으킬 수 있다는 의미다. 미국 노스캐롤라이나대 연구팀은 2021년 8월 〈미국감염병학회지〉에 몰누피라비르의 대사산물(β-D-N4-hydroxycytidine)이 동물세포 실험에서 숙주 세포에도 돌연변이를 일으켰다는 연구 결과를 발표했다.

임상시험 성공 발표 직후 비싼 가격을 지적하는 목소리도 높았다. 백신처럼 치료제마저도 불평등하게 공급될 수 있다는 뜻이다. 몰누피라비르 한 세트 가격은 700달러(약 82만 원)나 된다. 원가는 20달러(약 2만 원)에 불과한 것으로 알려졌다. 우려의 목소리가 커지자 MSD는 10월 27일 다른 회사들에 복제약 제조를 허락하겠다고 발표했다. MSD는 UN의 후원을 받는 의료 단체인 '국제 의약 특허풀(MPP)'과 계약했다. MPP는 저소득 국가를 위한 의약품을 개발하는 곳이다. 이에 따라 WHO가 코로나19를 '국제적 공중보건 비상사태'로 규정하는 기간 동안 전 세계 105개 국가에서 치료제를 저렴하게 구입할 수 있을 전망이다. 2021년 11월 방글라데시 제약회사 벡심코가 몰누피라비르의 복제약 생산에 들어갔다고 발표했다.

현재 MSD는 영국과 미국에서 승인을 받은 상태다. 영국은 가장 먼저 몰누피라비르의 사용을 조건부 승인해 코로나 양성 판정을 받은 18세 이상 환자에게 증상이 시작된 지 5일 이내에 복용하도록 권고했다. 반면 미국 FDA는 몰누피라비르를 코로나19 치료제로 긴급 사용 승인했지만, 제한을 뒀다. 고위험군의 경증 코로나19 환자에게, 다른 치료제 대안이 없을 경우에만 사용하는 것으로 한정했다. 또 18세 이하의 환자는 성장에 영향을 미칠 수 있다는 이유로 복용을 금지했다.

2021년 11월 5일에는 화이자가 개발 중인 먹는 코로나19 치료제

'팍스로비드'의 임상시험 결과, 입원과 사망 확률을 89% 줄였다고 발표했다. 팍스로비드는 바이러스의 복제 과정에 필요한 프로테아제(단백질 분해효소)를 억제해 바이러스의 증식을 막는다. 화이자는 증상이 가볍거나 중간 정도인 환자 1219명을 대상으로 증상 발병 후 3일 이내에 팍스로비드를 복용하도록 했다. 약은 하루 두 번 세 알씩, 5일 동안 복용했다. 팍스로비드를 복용한 환자 중 0.8%만 입원했고, 사망자는 없었다. 반면 위약을 투약받은 환자는 7%가 입원했고, 사망자도 10명이 나왔다. 에이즈 치료제로 이용되는 항바이러스제 '리토나비르'를 저용량으로 팍스로비드와 함께 먹으면 팍스로비드가 체내에서 분해되는 시간이 늦춰져 더 오랜 시간 동안 효과를 나타냈다.

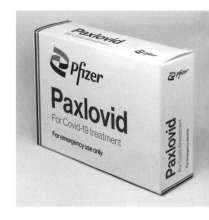

화이자가 개발한 먹는
코로나19 치료제 팍스로비드.

    이후 발표된 임상시험 최종 결과도 이와 비슷했다. 긍정적인 임상 결과 덕분에 화이자의 팍스로비드는 금세 FDA의 승인을 받았다. 2021년 12월 29일에는 한국 식품의약품안전처도 팍스로비드의 사용 승인을 허가했다. 정부는 2022년 1월 14일부터 국내에서 처방을 허용했다. 임상 결과만큼의 효능을 보인다면 의료 체계의 부담을 줄여 코로나19 팬데믹을 극복하는 데 도움을 줄 것으로 기대된다.

다시 급증하는 확진자, 일상회복 중단

    길어지고 있는 팬데믹에 사회적 거리 두기에 대한 피로감과 자영업자들의 어려운 상황이 심화되면서 고강도의 방역 체계를 계속 고수하기가 어려워졌다. 백신 접종자가 증가하고 치명률이 떨어지자 이제는 일상과 방역의 균형을 맞추자는 목소리가 높아졌다. 실제로 백신 접종률을 어느 정도 달성한 국가들은 고강도 방역 조치를 해제하고 코로나19와의 공존을 택했다. 2021년 7월 영국을 시작으로 독일, 덴마크 등의 일부 유럽 국가와 이스라엘, 싱가포르 등의 나라가 거리 두기, 마스크 의무 착용 등의 방역 조치를 완화하고 일상으로 돌아갔다. 한국도 백신 접종률 70%를 달성해 2021년 11월 1일부터 단계적 일상회복에 들어갔다.

하지만 국내에서는 단계적 일상회복이 시작된 이후, 방역에 대한 긴장이 풀어지면서 다시금 감염이 확산됐다. 일일 확진자 수는 7천 명을 넘었고, 위중증 환자도 1천 명대로 급증했다. 이 때문에 중환자 병상이 부족해져 다른 위중증 환자들의 치료가 어려워지는 위기 상황이 오기도 했다.

다른 나라들의 상황은 더 심각하다. 2022년 1월 4일 기준으로 미국의 일일 신규 확진자 수는 100만 명을 넘어섰고, 영국은 20만 명, 프랑스는 30만 명 등을 나타내며 코로나19 팬데믹이 시작된 이후 매일 기록을 경신하고 있다. 이에 전 세계 국가들은 실내 및 야외 마스크 착용을 다시 의무화하고 백신 미접종자는 외출을 금지하는 식으로 방역 조치를 다시 강화하고 있으며, 네덜란드와 같은 몇몇 국가는 봉쇄조치를 시행했다. 한국도 2021년 12월 6일부터 일상회복을 중단하고 다시 거리 두기 체제로 돌아갔다. 다행히 한국의 경우 거리 두기의 효과로 확진자 수가 줄고 있다. 2022년 1월 7일 기준으로 일일 신규 확진자 수는 3천 명대, 위중증 환자도 800명대로 떨어졌다.

앞으로 코로나19는 어떻게 될까. 가장 현실적인 시나리오는 코로나19가 유행성 계절독감과 같은 질병으로 바뀌는 것이다. 치료제가 기대한 만큼의 효과를 보인다면, 코로나19 바이러스에 감염돼도 독감처럼 지나갈 수 있을 것이다. 물론 독감의 사망자 수도 무시할 수 있는 수준은 아니지만, 그래도 관리할 수 있는 질병이 된다는 뜻이다.

증상이 경미하다고 보고된 오미크론 변이가 등장하면서는 코로나19 바이러스가 독감보다 더 위험성이 낮은 일반 감기 코로나바이러스처럼 되는 것 아니냐는 낙관적인 전망도 등장했다. 하지만 전문가들은 낙관해서는 안 된다고 말한다. 파우치 NIAID 소장은 오미크론 변이의 입원율이 델타 변이보다 낮다고 해도, 입원 환자가 급증하면서 의료 시스템에 부담을 줄 수 있다고 경고했다. 테워드로스 아드하놈 거브러여수스 WHO 사무총장도 "오미크론 변이는 이전 변이들처럼 사람들을 입원시키고 사망하게 하고 있다"며 "확진자 쓰나미가 매우 크고 빨라

전 세계 보건 시스템을 압도하고 있다"고 말했다. 오미크론 변이의 중증도가 낮다 하더라도 확진자가 빠르게 늘어나면 그만큼 위중증 환자의 수도 비례해서 증가할 수밖에 없다. 그렇게 되면 자연히 의료 시스템의 부담으로 이어진다. 영국은 코로나19 확진자가 급증하자 의료진이 대거 코로나19 대응에 치중하면서 실제 병원의 정상 운영이 어려워져 수술이나 진료 등이 취소되고 있다. 의대생까지 실전에 투입하겠다는 계획을 세우고 있을 정도다.

많은 전문가의 예상대로 코로나19는 최소한 계절성 유행병으로 바뀔 것으로 생각된다. 하지만 우리는 여전히 팬데믹의 상황에 있고, 당분간은 끝나지 않을 것 같다. 코로나19가 안정적으로 인간과 공존하려면 몇 년은 더 지나야 할 것으로 보인다. 그때까지는 백신을 접종하고, 마스크 착용과 개인위생, 사회적 거리 두기 등을 지키며 의료 체계가 감당할 수 없는 한계가 오지 않도록 방역 조치를 지속해야 할 것이다.

ISSUE 2 산업트렌드

메타버스

김준래

연세대 공대를 졸업한 뒤, 여러 대기업과 벤처기업 등에서 R&D 및 기획 업무를 담당했다. 학교 다닐 때부터 전공보다는 과학 전반에 대한 관심이 많아 과학문화 관련 동아리 활동에 더 열중했다. 졸업 후 회사에 다니면서도 과학기술을 좀 더 쉽게 전달하는 일을 하고 싶다는 일념으로 야간과 주말을 이용해 서강대 대학원에 개설된 과학커뮤니케이션 과정을 수료했다. 현재는 한국과학창의재단이 운영하는 과학기술 전문매체인 《사이언스타임즈》에서 객원기자로 활동하며 여러 매체에 과학기술과 관련한 기사를 기고하고 있다. 과학으로 인류를 살리는 '적정기술'이나 고정관념이 강한 과학계의 관행을 깨는 '역발상적 접근법'에 관심이 많다.

여기에 들어서는 순간, 모든 것은 현실이 된다?!

영화 '레디 플레이어 원'에서
주인공이 메타버스에
접속하는 장면.
ⓒ 워너브러더스 코리아

'접속하는 순간, 모든 것은 현실이 된다.'

이 짧으면서도 강렬한 느낌의 문장은 2018년 전 세계 SF 마니 아들의 찬사를 받으며 공전의 히트를 기록한 영화 '레디 플레이어 원 (Ready Player One)'의 메인 카피다.

'SF 영화에서 등장하는 장면은 미래의 어느 날을 앞당겨 보여주는 것'이라는 말이 있다. 실제로 과거 개봉된 SF 영화 중에는 오늘날의 모습을 그대로 재현한 듯한 장면이 등장하는 것을 볼 수 있는데, 이 영화 역시 그리 머지않은 미래의 모습을 담고 있다.

영화의 배경은 2045년의 어느 황폐한 미래 도시다. 그 도시에서 살아가는 주인공과 시민들은 시궁창과 다름없는 현실에서 도피하고자 매일 밤 디지털로 이루어진 세상인 '오아시스'라는 곳으로 접속해 또 다른 인생을 살아간다.

배경만 놓고 보면 인류의 미래가 풍요로운 세상이 아니라 극단적으로 피폐해진 곳이라는 점에서 당혹스러운 느낌이 들기도 한다. 하지만 주인공이 매일 오아시스라는 곳을 접속하는 장면에서 그곳이 이미 우리네 삶에 깊숙이 스며든 가상의 디지털 세상과 흡사한 점을 발견할 수 있다. 오아시스가 바로 '메타버스'이기 때문이다.

메타버스의 시작을 알린 게임, 세컨드라이프

메타버스(metaverse)란 초월이란 의미를 가진 메타(meta)와 현실세계를 뜻하는 '유니버스(universe)'를 합성한 용어로서, 기존의 가상현실보다 한 단계 더 확장된 개념으로 주목받고 있다. 메타버스라는 개념은 미국의 SF 소설가인 닐 스티븐슨(Neal Stephenson)이 1992년에 발표한 소설인 『스노우크래쉬(Snow Crash)』에서 처음 등장했다. '아바타(Avatar)'라는 용어를 처음 사용해서 더 유명해진 이 소설은 메타버스라는 가상의 나라에 들어가기 위해 사람들이 아바타라는 가상의 신체를 빌려 활동한다는 내용으로 이루어져 있다. 소설이 발표됐을 당시만 해도 생소한 개념과 텍스트가 보여줄 수 있는 상상력의 한계로 반향은 그리 크지 않았다. 독자들은 SF가 그리는 또 하나의 배경일 뿐이라고 생각하며 별다른 반응을 보이지 않았다.

그렇게 사람들의 뇌리에서 서서히 사라져가던 메타버스와 아바타라는 개념은 기존에 본 적이 없던 새로운 게임의 탄생으로 다시금 관심을 받게 됐다. 그것은 바로 2003년 미국에서 혜성처럼 등장한 '세컨드라이프(second life)'라는 이름의 가상현실 게임이었다. 세컨드라이프는 스티븐슨의 소설 『스노우크래쉬』에서 영감을 얻은 대학생 필립 로즈데일(Philip Rosedale)이 설계해 구축한 게임 형식의 메타버스 플랫폼이었다. 메타버스라는 가상공간이 얼마나 재미있고 매력적인 세상인지를 사용자들이 느낄 수 있도록 게임이라는 형식을 빌려 플랫폼을 만든 것

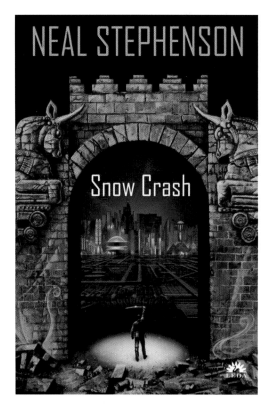

스티븐슨의 소설
『스노우크래쉬』의 표지.
© swmaestro.org

이다.

특히 이 게임은 당시로서는 획기적이라고 할 수 있는 다양한 아이템들을 도입한 것으로 유명하다. 소셜네트워크를 기반으로 한 인맥 구축은 물론, 사이버 머니를 활용한 영리 목적의 사업 추진 등이 그것이다. 사람을 사귀고 사업까지 추진할 수 있는 가상세계가 존재한다는 사실이 보도되면서 세컨드라이프는 일약 IT 시장의 중심으로 떠올랐다. 예를 들어 세컨드라이프에 접속한 사용자들은 다른 아바타들과 역할 분담을 하는 게임을 하면서 동시에 사회적 관계를 맺었다. 그리고 이런 관계를 통해 메타버스 안에서 경제적인 활동까지 수행하며 돈도 벌 수 있었다.

또한 세컨드라이프가 물리적으로나 신체적으로 한계가 없는 가상공간이다 보니, 사람들은 가고 싶은 곳이라면 어디든지 순간적으로 이동하면서 자유를 만끽하거나, 자신이 닮고 싶은 모습으로 마음껏 변신할 수 있도록 하는 서비스도 제공했다. 그 결과, 사용자들은 세컨드라이프에서 활동하고 있는 동안만큼은 현실의 괴로움을 잊고 즐길 수 있었다. 예전에는 미처 알지 못했던 메타버스만의 매력이 입소문을 타고 전해지면서 세컨드라이프는 사용자 수를 빠르게 늘려나갔다.

물론 장점만 있는 것은 아니었다. 현실과 달리 가상공간에서는 별다른 죄책감을 느끼지 못하다 보니 도덕적으로 지탄받을 만한 행동도 서슴지 않고 행하는 사례도 늘어나게 됐다. 가령 배우자가 있는 남녀가 세컨드라이프에서 만나 부부가 되고 가상의 아이를 낳아 기르다가, 실제로 현실에서 각자의 배우자와 이혼하고 재혼을 하는 식으로 각종 사회적 문제가 발생하기도 했다.

아바타라는 개념이
본격적으로 소개된 메타버스
게임 '세컨드라이프'의
한 장면. © wikipedia

　이와 같이 메타버스의 순기능과 역기능이 함께 공존하는 세컨드라이프에서 사용자들은 제2의 인생을 살며 메타버스라는 공간이 얼마나 매력적인지, 그리고 얼마나 유혹적인지를 직접 체험하는 기회를 누렸다. 당시 불었던 메타버스 열풍의 원인을 분석했던 노무라 종합연구소는 "사용자의 분신인 아바타라는 캐릭터의 존재와 쇼핑이나 취미처럼 다양한 가상 체험을 펼칠 수 있다는 점 등이 세컨드라이프의 인기 요인이다"라고 진단하기도 했다.

　이처럼 세컨드라이프는 기존의 인터넷 게임과는 전혀 다른 개념의 게임이었기에 그 인기도 영원할 것으로 여겨졌지만, 의외로 그 기세는 오래가지 못했다. 인기가 급속도로 식은 이유에 대해 여러 가지 의견이 있지만, 대체로 메타버스와 관련된 인프라 부족과 스마트폰을 이용한 소셜 플랫폼의 등장이 원인으로 지목되고 있다.

　사실 세컨드라이프의 핵심인 3D 가상현실 시스템은 요즘 들어 한창 사용되고 있는 5세대(5G) 통신 시스템에서도 구현하기가 만만치 않은 기술이다. 또한 세컨드라이프가 작동했던 당시의 컴퓨터는 요즘 컴퓨터와의 성능 차이를 비교해 보면, 비교라는 말조차 부끄러울 정도로 성능이 떨어지는 제품이었음을 알 수 있다. 그런 열악한 수준의 통신과 장비로 오늘날에도 원활한 작동이 어려운 서비스를 구현하려 했으니 당연히 인프라 면에서 부족했던 것이 사실이다. 바로 세컨드라이프가 시대를 너무 앞서 나간 게임이라는 평가를 받는 이유다.

또한 당시는 스마트폰이나 태블릿 PC 같은 신개념 모바일 디바이스들이 한창 부각되던 시기이다. 세컨드라이프의 목표가 가상현실상에서 만나는 것을 목표로 삼은 서비스였기에, 스마트폰과 소셜 플랫폼의 발달은 세컨드라이프의 이용률을 떨어뜨리는 데 결정적인 영향을 미쳤다. 스마트폰에 들어 있는 페이스북이나 카카오톡 같은 SNS로 빠르고 간편하게 소통을 할 수 있는데, 굳이 세컨드라이프를 통해 가상공간에까지 접속할 필요성을 느끼지 못했기 때문이다. 이처럼 미처 형성되지 못한 인프라 미비와 가상현실 공간을 대체하는 SNS 등의 등장으로 세컨드라이프는 내리막길을 걷게 됐다.

메타버스가 다시 부활한 3가지 요인

소설인 스노우크래쉬와 가상현실 게임인 세컨드라이프를 통해 잠시 사람들의 관심을 끌었다가 사양길에 접어든 메타버스가 요즘 들어 다시 뜨는 이유는 무엇일까. 단지 과거의 것이 다시 유행하는 현상인 레트로(retro) 열풍만으로는 오늘날의 메타버스에 대한 인기를 설명하기가 쉽지 않다.

이에 대해 대다수 전문가들은 메타버스가 다시 유행하게 된 결정적 요인으로 '기술의 발전'과 '코로나19 확산에 따른 비대면 문화 확산', 그리고 'MZ세대의 ICT(정보통신기술) 문화 유행 주도'를 꼽고 있다. 먼저 기술의 발전은 장비와 통신 같은 인프라의 발전을 의미한다. 메타버스가 현실에서처럼 자연스럽게 구현되기 위해서는 장비와 통신 등의 인프라가 지원돼야 하는데, 그동안 눈부시게 발전한 ICT 덕분에 이같은 인프라 구축이 가능해졌다는 의미다.

메타버스 세상에 접속하는 도구 중 하나인 오큘러스 퀘스트 2(Oculus Quest 2).

실제로 메타버스 서비스를 구현하기 위해 사용되는 오늘날의 인프라를 살펴보면, 장비와 통신 등의 성능 면에서 볼 때 과거 세컨드라이프가 인기를 끌던 때와는 엄청난 차이가 있음을 알 수 있다. 예를 들어 가상현실을 지원하는 플랫폼들이 PC나 스마트폰, 또는 콘솔이나 헤드셋 같은 여러 가지 단말기 등을 통해 접속이 가능해지면서, 좀 더 신속하고 자연스러운 메타버스를 경험할 수 있게 됐다. 가령 2020년 10월에 발매된 가상현실 접속용 헤드셋인 오큘러스 퀘스트 2(Oculus Quest 2)의 경우, 출시되자마자 연말까지 3개월 정도의 기간임에도 불구하고 무려 140만여 대가 판매되면서 메타버스 대중화 시대를 예고하기도 했다.

또한 5G가 제공하는 실감 콘텐츠도 2G 통신 시절과는 비교 자체가 불가할 정도로 사용자가 체감하는 수준이 다르다. 메타버스가 생생한 느낌을 제공하기 위해서는 가상현실 외에도 증강현실(AR)과 혼합현실(MR), 그리고 홀로그램(hologram) 같은 기술들이 복합적으로 지원돼야 하는데, 17~18년 전은 이런 기술들의 개념조차 제대로 정립되지 않았던 시기다. 따라서 앞으로의 기술 발전은 메타버스가 발전하는 데 있어서 핵심 요소인 몰입감(Immersiveness)과 상호작용(Interaction), 그리고 지능화(Intellectualization) 등 이른바 3I가 중심이 되어 성장할 것이라는 전망이 지배적이다.

두 번째, 기술의 발전과 함께 메타버스 유행을 앞당긴 요인으로는 코로나19를 들 수 있다. 기술의 발전이 이미 예상됐던 요인이라면, 코로나19의 등장은 사람들이 전혀 예상치 못했던 요인이라 더욱 드라마틱하다고 볼 수 있다. 코로나19가 메타버스 성장에 도움을 주었다고 보는 이유는 비대면 문화가 급속도로 자리를 잡는 데 있어 결정적 영향을 미쳤기 때문이다. 사실 사회적 거리 두기로 인해 비대면 분위기가 확산하면서 시간이나 공간상 제약이 없는 메타버스 세상으로 몰리는 현상은 어쩌면 당연한 일일지도 모른다.

이렇게 코로나19가 일으킨 비대면 문화는 특히 교육 분야에서 메타버스를 활성화시키는 결정적 역할을 하고 있다. 가령 실제로 교실에 참석한 것처럼 아바타를 활용해 가상의 교실 공간에서 실시간 대화를 나눈다든가 360° 영상을 활용해 몰입도를 높인 실감형 수업을 하면서 비대면 교육의 한계를 극복하고 있다.

세 번째, 태어날 때부터 디지털 문화에 익숙한 MZ세대들의 성장도 메타버스 열풍의 요인으로 꼽히고 있다. MZ세대란 1980년대에서 1990년대 중반에 태어난 밀레니얼 세대와 1990년대 중반에서 2000년대 중반에 태어난 Z세대를 아우르는 용어다. 통계청 조사에 따르면 MZ세대 숫자는 2019년을 기준으로 약 1700만 명에 달하는 것으로 나타났다. 이는 국내 인구의 약 34%를 차지하는 규모로서, 하나의 문화를 형성할 수 있는 인구 규모이기도 하다.

MZ세대는 게임이나 모바일처럼 디지털 문화에 익숙한 세대인 만큼, 메타버스 열풍을 주도하는 데 적임자인 셈이다. 또한 MZ세대는 경제적으로 불안감이 가장 큰 세대이기도 한데, 이같은 분위기가 더 메타버스에 집중해 대리 만족을 누린다는 분석도 나오고 있다. 예를 들어 현실과 다른 캐릭터를 메타버스에서 만들어 미처 현실에서 하지 못했던 플렉스(flex)를 하거나 가상현실상에서 명품을 싸게 사서 자랑하는 식으로 자신의 부를 과시하는 행동을 하며 대리만족을 느끼는 것이다.

메타버스의 4가지 유형과 3개 영역

지금까지 메타버스의 탄생에서부터 성장, 그리고 성공요인 등 다양한 배경에 대해서 알아봤다. 그렇다면 남은 것은 한 가지다. 바로 메타버스가 현재 어떻게 활용되고 있으며 미래에는 어떻게 전개될 것인가에 대한 궁금증이다. 메타버스가 현재 어떤 용도로 활용되고 있는지를 조사하려면 우선 메타버스의 유형을 알아야 한다. 미국의 미래가속화연구재단(ASF)에서 정의한 바에 따르면, 메타버스에는 증강현실(augmented reality), 라이프로깅(life logging), 거울세계(mirror worlds), 가상세계(virtual worlds) 등 4가지 종류가 있는 것으로 나타났다.

증강현실은 현실 세계의 공간을 바탕으로 가상의 물체를 시각적으로 겹쳐 보이게 연출하고, 가상의 물체와 상호작용할 수 있는 메타버스다. 과거 크게 유행했던 게임인 '포켓몬고'가 대표적 사례다. 또한 라이프로깅은 하루하루 살아가며 사용한 디지털 기기를 통해 생성되는 데이터다. 예를 들어 운동할 때 기록된 심장박동 관련 데이터나 섭취한 음

실제 세계를 그대로 똑같이 구현한 거울 세계. © chic.re.kr

증강현실의 대표적인 예 '포켓몬 고'. 증강현실을 이용해 현실에 숨어 있는 포켓몬을 잡는 게임이다.

식물의 칼로리 데이터 등이 이에 해당된다. 쉽게 말해 '일상의 디지털화'도 메타버스의 유형 중 하나라는 의미다.

반면에 거울세계는 실제 세계를 그대로 똑같이 구현한 메타버스를 뜻한다. 산업 현장에서 많이 사용되는 개념인 디지털트윈(digital twin)도 일종의 거울세계라 할 수 있다. 새로운 건축물을 설계할 때 일조량이나 주변 교통 흐름의 변화까지 예측하기 위해 2020년 3차원 모델로 구현한 서울시 거울세계가 그 좋은 예라고 할 수 있다. 끝으로 가상세계는 캐릭터(character)나 아바타라고 부르는 존재를 매개체로 하여 가상공간에서 활동하는 메타버스다. 과거부터 사람들이 즐겨왔던 모든 종류의 비디오게임이 가상세계를 상징하는 대표적 사례로 들 수 있다.

이렇게 4가지 유형으로 구분되는 메타버스는 목적과 성격에 따라 '게임을 기반으로 하는 메타버스 플랫폼', '일상 생활을 영위하는 메타버스 플랫폼', '경제 활동을 할 수 있는 메타노믹스(metanomics) 기반의 메타버스 플랫폼' 등으로 나뉘어 발전하고 있다. 물론 이처럼 3개의 영역이라고 해서 전혀 별개로 구분되는 것은 아니다. 게임으로 시작해 가상 공간에서 거대한 사회를 이루거나, 일상 속 생활이 확대되어 암호화폐가 오가는 블록체인 기반 경제로 진화하는 식으로 모든 영역이 긴밀하게 연결돼 있는 관계다.

메타버스에서 콘서트 열고 공약도 홍보해

게임 영역에서 메타버스를 대표하는 상품으로는 '포트나이트'와 '동물의 숲'이 있다. 3인칭 슈팅게임인 포트나이트는 국내에서는 지명도가 다소 약하지만, 해외에서는 엄청난 사용자를 보유하고 있는 것으로 유명하다. 배틀로얄(Battle Royal) 게임 모드를 비롯해 총 4가지 종류의 방식으로 이루어져 있기 때문에 사용자는 자신의 취향에 적합한 게임 방식을 정할 수 있다. 배틀로얄 모드는 슈팅게임이라는 본래의 목적에 맞게 제작된 모드이지만, 다른 모드인 파티로얄(Party Royal)의 경우는 오락성보다는 오히려 이벤트를 개최할 수 있는 소셜네트워킹의 역할을 맡도록 제작됐다.

실제로 미국의 힙합 가수이자 패션 디자이너인 트래비스 스캇

게임 기반 메타버스의 새로운 문을 연 포트나이트. © epicgames.com

일상생활을 보여주는 대표적
메타버스 플랫폼인 제페토.
© unity.kr

제페토 모바일 앱.

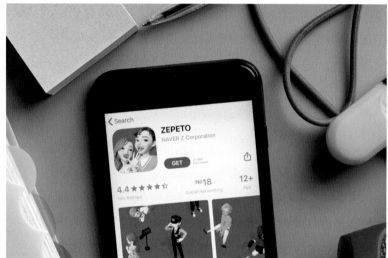

(Travis Scott)은 2020년 4월 포트나이트에서 메타버스 콘서트를 성대하게 개최한 바 있다. 동시접속자 수만 1230만 명에 달하면서 216억 원이라는 막대한 수익을 올렸다. 이같은 메타버스 콘서트를 비단 트래비스 스캇만이 연 것은 아니다. 우리나라가 낳은 세계적 그룹인 BTS 또한 포트나이트에서 안무 영상을 최초 공개한 바 있으며, 이 외에도 많은 가수가 포트나이트를 통해 신곡 발표를 하고 있다.

　　또 다른 메타버스 게임인 '동물의 숲'은 온라인상에서 가족이나 친구처럼 마음에 맞는 사람들끼리 즐길 수 있는 커뮤니케이션 게임이다. 동물이 살고 있는 숲속 마을에 사용자들이 합류해 살면서 집을 짓거나 낚시를 하는 등의 여유로운 생활을 하면서 이웃들과 교류하는 내용이 주요 콘텐츠다. 자극적이지 않고 모든 연령대가 참여해서 게임을 할 수 있는 것이 특징이다. 동물의 숲이 가진 강점은 메타버스가 가진 특징을 고스란히 살리고 있다는 점이다. 사용자는 게임 자체보다 게임을 둘러 싼 환경이 변화무쌍하게 바뀌는 데서 더 많은 재미를 느낀다. 예를 들어 사용자가 현재 살고 있는 시기(계절)나 날씨에 맞춰 게임 속 환경도 변하는데, 봄에는 벚꽃이 활짝 핀 숲이 보이고, 겨울에는 눈이 내리면서 눈사람을 만들 수 있다.

이처럼 '포트나이트'와 '동물의 숲'이 게임 기반의 메타버스 플랫폼을 대표한다면, 제페토(Zepeto)와 로블록스(Roblox)는 가상공간에서의 일상생활을 보여주는 대표적 메타버스 플랫폼이라 할 수 있다. 제페토는 기본적으로 사용자가 3D 형태의 아바타가 되어 메타버스 공간에서 다른 사용자들과 서로 소통하고 생활하는 SNS와 같은 역할을 하는 플랫폼이다. 하지만 제페토는 이런 단순한 기능의 SNS를 넘어 메타버스 내에서 일상생활을 하듯 시간을 보낼 수 있는 곳이기도 하다. 예를 들어 사용자는 제페토 안에서 전시장을 방문하거나 자신의 캐릭터를 이용한 아이템을 만들어 판매할 수 있다. 또한 마음이 맞는 동호인들끼리 어울려 정기적인 모임을 메타버스 공간에서 가질 수도 있다.

특히 제페토는 개인들 외에도 유명 기업들이 즐겨 찾는 메타버스 공간이라는 점에서 다른 플랫폼들과 차이를 보인다. H자동차의 경우 자동차업체 최초로 제페토에서 가상 시승 체험 행사를 벌였고, H은행은 제페토에서 사이버 연수원을 열고 은행장이 아바타 캐릭터로 참여한 가운데 신입 행원들과 기념사진을 찍는 이벤트를 개최했다. 이뿐만이 아니다. 2022년에 새로운 대통령을 뽑는 대선이 치러지는 만큼 차기 대선후보들이 제페토에 참여해 공약 홍보에 나서기도 했고, 모 엔터테인먼트업체는 코로나19로 팬들이 모일 수 없는 상황을 반영해 팬 사인회를 제페토에서 개최한 덕분에 호평을 받기도 했다.

반면에 로블록스는 게임의 형식을 빌리고 있지만, 게임이라기보다는 메타버스라는 가상공간을 활용해 현실과 다른 자신의 또 다른 정체성, 요즘 유행하는 말로 하자면 '부캐'를 내세워 사용자들끼리 소통하는 또 하나의 세상이라 할 수 있다. 사용자가 자신만의 부캐를 내세우는 것이 가능한 이유는 로블록스의 운영 주도권이 이를 개발한 기업이 아니라 사용자에게 있기 때문이다. 과거의 메타버스 게임이라 할 수 있는 세컨드라이프만 해도 개발사가 제시하는 미션을 제한된 기능 안에서 수행하던 것이 보통이었다.

하지만 로블록스는 세컨드라이프와 달리 사용자가 직접 콘텐츠 개발에 참여할 수 있으며, 상황에 맞게 자신들이 수립한 규정을 내세워 통제할 수도 있다. 로블록스라는 거대한 플랫폼 내에서 뜻이 맞는 사용자들끼리 규율을 정해 일종의 작은 왕국처럼 운영할 수 있는 셈이다.

게임을 넘어서 K-메타버스로 진화

한편 게임 플랫폼과 생활 플랫폼에 이어 예상되는 메타버스의 미래는 바로 메타노믹스다. 메타버스가 아무리 가상공간이라 하지만, 사람들이 아바타 형태로 참여하는 세계인 만큼 그곳에도 경제 활동이 필요하다. 문제는 현실과 가상의 경계가 모호한 공간이어서 경제적 활동을 위해서는 보안이 필요한데, 블록체인 기술이 도입된 이유가 바로 이 때문이다.

블록체인 기반의 메타버스로는 디센트럴랜드(Decentraland)가 있다. 일종의 가상부동산 플랫폼인 이 메타버스는 도시국가인 싱가포르의 6배 정도 크기로 설계돼 있는데, 이 안에서 사용자들은 가상의 부동산을 사고팔 수 있다. 사용자들은 랜드(Land)라고 부르는 디지털 토지를 매수한 다음, 여기에 자신만의 콘텐츠를 집어넣어 이를 다시 대여하거나 판매함으로써 수익을 낼 수 있다.

특히 디센트럴랜드가 블록체인을 기반으로 하는 만큼, NFT(대체 불가능 토큰)이나 암호화폐 같은 블록체인 관련 상품들을 선보이고 있다. 예를 들어 랜드의 소유권은 NFT로 기록되어 있으므로 복제가 불가하며 다른 사람에게 양도할 수 있다. 또 디센트럴랜드에서는 마나(Mana)라는 이름의 가상화폐가 사용되는데, 사용자들은 이 암호화폐를 이용해 다른 사용자들의 부동산을 사거나 활용할 수 있다. 마나는 실제로 전자화폐 거래소에 상장돼 있는 코인으로서 현금화도 가능하다.

게임처럼 디지털 부동산을 사고파는 것이 디센트럴랜드의 핵심 콘텐츠이지만 그렇다고 거래만 하는 것은 아니다. 아바타들은 화려한 도심지를 걸으며 박물관을 구경하거나 놀이시설을 즐긴다. 또는 영화관에서 영화를 관람하거나 운동경기를 즐기는 것처럼 현실 세계와 똑같은 생활을 영위할 수 있다.

지금까지 메타버스의 현재를 조망해 보았지만, 문제는 미래다. 국내·외 언론 매체들은 앞다투어 메타버스의 청사진을 제시하고 있지만, 사실 그 앞에 장밋빛 미래만 펼쳐져 있는 것은 아니다. 사용자가 주도적으로 만드는 공간이 메타버스인 만큼, 오히려 규범이나 도덕성과는 다소 동떨어진 치외법권이 지배하는 공간이 될 수도 있다는 것이 전문가들이 우려하는 사항이다.

가령 디지털 문화에 익숙한 10대 청소년들이 메타버스에 접속해 규범이나 도덕성에 문제가 있는 사용자들을 접하게 될 경우, 현실에서도 어려움을 겪을 수 있다. 또한 성인들에게도 사행성 도박이나 그릇된 욕구를 해소하는 잘못된 공간으로 변질될 수도 있는 것이다.

이에 따라 향후 메타버스를 둘러싸고 빚어질 수 있는 세대 간 기술격차는 물론 가치관의 격차를 경계해야 한다는 목소리가 높아지고 있다. 또한 건전하고 유익한 가상현실 공간으로 거듭나기 위해서는 지속적으로 모니터링을 하고, 혁신적인 아이디어로 무장해야만 한다. 그래야만 우리 모두가 꿈꾸는, 안전하면서도 풍요로운 K-메타버스의 세상이 펼쳐질 수 있을 것이다. 앞으로 K-메타버스가 어떤 모습을 갖추게 될지 기대된다.

메타버스가 낳은 신인류, 가상인간

최근 모 보험회사는 TV 광고에 새로운 모델을 기용해 대박을 쳤다. 호감을 주는 얼굴에 아름다운 몸매를 지닌 여성이 장소를 가리지 않고 멋진 춤을 추는 모습에 많은 시청자가 그녀의 정체를 궁금해했다. 그런데 그 여성의 정체가 밝혀지자 시청자들은 놀라움을 금치 못했다. 사람이 아니었기 때문이다. 아니, 정확하게 말하자면 사람은 사람인데, 현실이 아니라 메타버스 공간에서만 존재하는 가상인간이었기 때문이다. 그녀의 이름은 로지였다.

메타버스에 존재하는 가상인간 '로지'. ⓒ 신한라이프

가상인간의 활동 영역이 비단 TV 광고에 등장하는 모델로만 그치고 있는 것은 아니다. 쇼의 진행자나 날씨를 전달하는 캐스터 등의 역할까지 수행하면서 다양한 전문가를 대신해 충실히 해당 역할을 소화하고 있다. 실제로 2021년 초 개최된 세계 최대 IT·가전 전시회인 CES 2021에서는 국내 가전업체가 공개한 가상인간인 '래아'가 유창한 영어로 쇼를 이끌었고, 또한 인공지능 기술을 기반으로 국내 기업이 개발한 가상인간인 '네온'은 기상 캐스터의 역할까지 선보이기도 했다.

이처럼 메타버스의 유행으로 가상인간에 대한 관심도 덩달아 높아지고 있지만, 사실 가상인간이란 존재가 요즘 들어 새롭게 등장한 것은 아니다. 이미 지금으로부터 20여 년 전에 요즘의 가상인간과 같은 개념의 존재들이 활동했다. 예를 들어 1990년대 말에 활동했던 사이버 가수인 아담과 류시아, 그리고 그보다 앞서 1990년대 중반에는 소셜미디어에 등장했던 아바타, 2000년대 초에 도입된 미니미 등이 있었다. 하지만 당시에는 기술 부족으로 실제 사람처럼 느껴지지 않아 오랫동안 인기를 구가하지는 못했다.

그랬던 가상인간들이 20여 년이 지난 오늘날에 와서 전에는 느끼지 못했던 열광적인 인기를 얻고 있는 이유는 무엇일까. 이에 대해 전문가들은 실제 인간과 비교해 볼 때 구분이 잘되지 않는, 첨단 ICT로 탄생한 가상인간에 열광하며 팬덤을 형성하고 있는 MZ세대의 등장을 꼽고 있다. MZ세대는 이들 가상인간의 사회관계망서비스(SNS) 팔로워 수인 5만 명 중 대부분을 차지하고 있고, 가상인간의 팬카페 등을 개설해 활발하게 활동하기도 한다. 가상인간을 실제 사람처럼 의인화해 대하는 MZ세대들의 열정이 이들을 '버추얼 인플루언서(virtual influencer)'로 진화시키고 있는 셈이다.

상황이 이렇다 보니 가상인간을 활용한 시장의 규모도 점차 커질 것으로 전망되고 있다. 특히 가상인간 모델은 시공간의 제약이 없어서 기업 브랜드 가치에 맞게 원하는 모습을 그릴 수 있고, 나이를 먹지 않아서 활동 기간을 길게 가져갈 수 있다는 장점도 있다. 이뿐만이 아니다. 연예인들도 사람이다 보니 간혹 좋지 않은 문제에 휘말려 구설수에 오르는 경우가 있지만, 가상인간은 그런 사생활 문제가 전혀 없다. 그리고 천정부지로 올라가는 연예인들의 몸값을 지불하지 않아도 되니 경제성 면에서도 가상인간은 광고주들에게 매력적인 대상이 될 수밖에 없다.

분명한 점은 메타버스 기술이 발전하면 할수록 가상인간의 위상도 달라질 것이라는 점이다. 아직은 가상인간을 디지털 문화가 낳은 신개념 콘텐츠로 보는 경향이 강하지만, 기술이 발전해 현실과 가상의 경계가 모호해진다면 아마도 가상인간을 메타버스가 낳은 신인류이자 하나의 생명체로 취급하는 시대가 올지도 모른다.

한국형 발사체 누리호

원호섭

고려대 신소재공학부에서 공부했고, 대학 졸업 뒤 현대자동차 기술연구소에서 엔지니어로 근무했다. 이후 동아사이언스 뉴스팀과 〈과학동아〉팀에서 일하며 기자 생활을 시작했다. 매일경제 과학기술부를 거쳐 현재 매일경제 산업부에서 에너지·화학 분야 기업을 취재하고 있다. 지은 책으로는 『국가대표 공학도에게 진로를 묻다(공저)』, 『과학, 그거 어디에 써먹나요?』, 『과학이슈11 시리즈(공저)』 등이 있다.

전남 고흥군 나로우주센터의 야경.
© 한국항공우주연구원

누리호 발사는
한 걸음 부족했다?!

2021년 10월 21일 오후 5시
나로우주센터에서 발사되는
누리호.
ⓒ 한국항공우주연구원

　지난 10월 21일 오후 5시 한반도 남쪽 끝자락에 있는 작은 섬 외나로도(전남 고흥). 긴장감이 맴돌던 나로우 주센터 발사대에서 카운트다운이 시작됐다. "5, 4, 3, 2, 1, 발사!"

　발사대 한편에 곧게 서 있던 길이 47.2m, 무게 200t에 달하는 한국형발사체 누리호(KSLV-Ⅱ)가 굉음과 함께 하얀 연기와 불꽃을 쏟아내며 하늘로 솟구쳤다. 30년에 달하는, 한국 우주개발 역사가 오롯이 담긴 누리호는 한 치의 오차 없이 계산됐던 하늘길을 따라 우주로 날아올랐다.

완벽한 성공은 아니지만, 실패도 아냐

　　1단 로켓이 연소될 때 발생하는 화염 온도는 3500℃. 이 힘을 받아 누리호는 시속 2만 4840km 속도로 하늘을 향했다. 일반 여객기 속도인 시속 900km의 20배가 넘는 빠르기다. 누리호는 이륙한 지 127초 만에 고도 50km를 돌파하고 1단 로켓이 분리돼 바다로 떨어졌다. 곧바로 2단 로켓이 반짝거리며 점화됐다. 발사 후 233초가 지났을 때 위성을 덮고 있던 보호막인 '페어링'이 분리됐고 고도 258km에 다다랐을 때는 2단 로켓도 분리됐다. 마지막이다. 3단 로켓이 점화됐다. 성공이 눈앞에 다가왔다. 발사 후 967초가 지났을 때 누리호는 고도 700km를 돌파했다.

　　하지만 아쉽게도 위성을 궤도에 정확히 내려놓는 데는 실패했다. 3단 로켓인 7t급 액체엔진에서 521초 동안 연소가 발생하며 속도를 냈어야 했는데, 이보다 46초가량 부족한 475초만 작동한 것으로 확인됐다. 3단에 탑재돼 있던 위성 모사체는 초속 7.5km의 속도로 궤도에 안착해야 지구 중력에 이끌리지 않고 지구 주변을 공전할 수 있다. 하지만 3단 로켓의 연소가 제대로 진행되지 않으며 힘을 내지 못했다. 결국 초속 7.5km의 속도를 내지 못한 상황에서 위성 모사체는 누리호와 최종 분리됐고 지구를 탈출하지 못한 채 호주 인근 바다로 떨어지고 말았다.

누리호는 발사 후 2단 로켓 분리까지 정상적으로 진행됐으나 3단 로켓 연소가 제대로 되지 않았다.
ⓒ 한국항공우주연구원

　　완벽한 성공은 아니었다. 하지만 실패라 볼 수 없었다. 가장 어렵다고 알려진 1·2단 로켓이 정상적으로 작동함을 확인한 만큼 '뉴스페이스' 시대로 불리는 새로운 우주개발 시대에 희망을 쐈다는 평가가 지배적이다. 누리호가 실제 위성이 아닌 위성 모사체를 싣고 있던 이유이기도 하다. 외신들 역시 이날 "첫 발사 시험에서 한 걸음 부족했지만, 자력 위성 발사국이 되는 것은 기정사실"이라고 평가했다. 인류의 로켓 역사 100여 년 동안 첫 발사에서 실패할 확률은 73%. 이 실패확률의 대부분은 1·2단 로켓이 폭발하거나 궤도를 이탈하는 현상으로 발생한다. 3단 로켓 누리호는 1·2단 모두 정상 작동했다. 지난 11년 동안 한국항공우주연구원을 비롯해 국내 300여 개 기업들이 힘을 합한 결과물이다. 누리호의 이번 발사로 한국도 미국, 중국, 일본과 같은 우주개발 선진국으로 도달할 수 있는 발판을 마련했다.

인류의 로켓 개발 초기 역사

인공위성과 같은 물체를 지구 궤도에 올려놓기 위해서는 발사체, 즉 로켓이 반드시 필요하다. 달, 화성으로 향하는 탐사선 또한 마찬가지다. 높은 고도로 올라갈수록 공기가 희박해지기 때문에 공기의 '양력'을 이용하는 비행기는 고도 100km 이상 날 수 없다. 대기권을 뚫고 우주로 날아가기 위해 필요한 것은 엄청난 힘을 땅으로 쏟아부으며 이에 대한 '반작용'으로 날아가는 로켓이다.

1926년 '로켓의 아버지' 로버트 고다드 박사가 초기 액체로켓과 함께 포즈를 취했다. ⓒ NASA

로켓을 처음 고안한 사람은 소련의 과학자 콘스탄틴 치올콥스키(1857~1935). '우주여행의 아버지'라는 별명을 갖고 있는 그는 1903년 라이트 형제가 비행기를 이용해 하늘을 날고 있을 때 '반작용 추진장치에 의한 우주탐험'이라는 논문을 통해 로켓 기술을 제안했다. 이후 치올콥스키는 1~3단으로 나뉜 로켓을 비롯해 로켓 조정 장치처럼 현재 로켓이 사용하고 있는 많은 기술을 이론적으로 제시했다고 알려졌다.

이후 '로켓의 아버지'라 불린 사람은 미국의 로버트 고다드 박사(1882~1945)다. 1926년 고다드 박사는 세계 최초로 액체연료를 사용하는 로켓을 쏘아 올렸는데, 이 로켓은 2.5초 동안 50여m를 날아올랐다. 그는 이를 발전시켜 1935년 실험에서 처음으로 로켓이 음속을 돌파하는 데 성공했다. 2차 세계대전이 발발했을 때 그는 미국 해군의 로켓 엔지니어로 활동했지만, 당시 미국 정부는 그가 보유한 기술에 별다른 관심을 두지 않았다고 한다. 아이러니하게도 고다드 박사의 기술에 관심을 보인 곳은 독일 나치였다.

독일 페네뮌데 박물관에 전시돼 있는 V2 로켓 모형.
© AElfwine/wikipedia

'로켓 공학의 아버지'라는 별명을 갖고 있는 베르너 폰 브라운 박사(1912~1977)는 고다드 박사가 제안했던 액체연료 로켓을 이용해 나치 휘하에서 'V2'로 불리는 로켓(엄밀하게 말하면 탄도 미사일, 일종의 유도탄)을 개발했다. 미사일(유도탄)이 비행기에 탑재되지 않은 채, 조종사도 없는 로켓에 실려 원하는 곳에 떨어지는 V2는 연합군에게는 공포의 대상이었다. 독일어로 '복수의 무기(Vergeltungswaffe)'라는 의미를 갖고 있는 V2로 나치는 전세를 역전할 수 있을 것으로 기대했다. 하지만 나치는 패망했다. 당시 최고의 로켓이었던 V2를 개발한 과학자들을 미국과 옛 소련(러시아)이 가만 놔둘 리 없었다.

1957년 옛 소련(러시아)이 인류 최초의 인공위성 '스푸트니크 1호'를 발사하는 데 성공했다. 스푸트니크 발사 성공에는 '우주의 아버지'로 불리는 세르게이 코롤료프 박사(1907~1966)가 있다. 러시아 최고 로켓 공학자였던 그는 1920년대 초반부터 글라이더를 설계했고 1933년 액체연료를 사용하는 로켓 개발에 성공했다. 2차 세계대전이 끝난 뒤에 그는 독일로 가 V2와 관련된 정보를 수집하고 당시 연구에 참여했던 연구진을 포섭했다고 알려져 있다. 코롤료프 박사는 V2를 기반으로 신형 대륙간탄도미사일(ICBM)을 개발했으며, 이를 이용해 스푸트니크 위성 발사에 성공했다.

러시아에 인류 첫 인공위성 발사를 빼앗긴 미국은 V2 개발을 이끈 브라운 박사를 포섭해 로켓 개발에 나섰다. 브라운 박사 역시 V2를 기반으로 한 로켓 '주노'를 개발해 미국 최초의 인공위성 '익스플로러 1호'를 쏘아 올리는 데 성공했다. 이후 그는 '새턴 V'라는 거대한 로켓을 만들어 달에 인류를 보내는 '아폴로 프로젝트'를 성공적으로 이끌었다.

이렇듯 우주여행의 아버지(치올콥스키)로 시작된 로켓 개발은 로켓의 아버지(고다드 박사)를 비롯해 로켓 공학의 아버지(브라운 박사)와 우주의 아버지(코롤료프 박사)를 거치며 기술적으로 성숙해나갔다.

극한 기술의 결정체, 로켓

인류의 로켓 개발 역사는 이처럼 100년을 훌쩍 넘는다. 그럼에도 불구하고 여전히 로켓을 발사한 나라는 미국, 중국, 일본, 프랑스, 러시아, 인도, 이스라엘, 이란, 북한 등 9개국에 불과하다. 이를 더 좁혀서 1t 이상의 실용 위성을 지구 궤도에 올려놓는 데 성공한 국가는 미국, 러시아, 유럽, 중국, 일본, 인도 등 6개국에 그친다. 한국도 2013년 나로호 발사에 성공했지만, 로켓의 핵심으로 불리는 1단 로켓은 러시아제를 사용했다. 오랜 역사에도 불구하고 로켓 개발에 성공한 국가가 적은 이유는 무엇일까.

로켓 기술은 이미 공개가 되어 있다. 인터넷에 'rocket blueprint(로켓 설계도)'라고 검색하면 복잡해 보이는 많은 설계도를 찾을 수 있다. 역사가 오래된 만큼 관련 기술, 설계도, 아이디어, 방법 등은 누구나 알고 있지만, 이를 구현하는 것은 또 다른 문제다. 이 같은 기술을 '극한 기술'이라고 부른다.

로켓은 연료를 순식간에 연소시켜 발생하는 배기가스가 뒤로 뿜

어질 때 발생하는 반작용으로 날아간다. 마치
공기가 가득 찬 풍선 주둥이를 잡고 있다가 놓
으면 공기가 빠져나가면서 풍선이 이리저리
날아다니는 것과 같다. 풍선에서는 부풀기 전
의 원래 형태로 돌아가려는 힘이 공기를 밖으
로 밀어내고 반작용으로 공기도 풍선을 밀어
낸다. 로켓 엔진이 작동하는 원리도 이와 같
다. 연료를 태워 높은 압력의 가스를 만들고,
이 가스가 엔진 밖으로 분사되며 하늘로 날아

누리호 1단 인증모델(QM)의
종합연소시험. 로켓의
안정적 연소는 개발 초기부터
중요한 과제였다.
ⓒ 한국항공우주연구원

가는 힘을 얻는다. 그런데 육중한 몸을 이끌고 날아가야 하다 보니 연소
과정에서 작은 오차라도 발생하면 로켓은 균형을 잃고 힘을 제대로 받
지 못해 대기권을 돌파할 수 없다. 1단 로켓의 연료가 제대로 연소되지
않는 '연소불안정' 현상은 이미 1930년대부터 발견됐는데, 아직도 정확
한 원인이 밝혀지지 않았다. 또한 공기가 빠져나가면서 풍선은 예측하
지 못하는 방향으로, 무작위하게 움직인다. 로켓 또한 마찬가지다. 이
를 정확하게 제어할 수 있는 기술이 필요한데, 역시 오랜 기간의 투자와
경험밖에는 답이 없다.

한국 우주개발 역사

한국은 1987년 '항공우주산업개발촉진법'을 마련하고 1989년
KAIST에 인공위성연구센터가 설립되면서부터 본격적으로 우주 관련
연구개발에 뛰어들었다. 이후 1992년 국내 최초 인공위성인 '우리별 1
호' 발사에 성공했다. 한국은 인공위성 분야에 많은 투자를 해 기술력을
끌어올렸고 상용위성 시대를 열며 기술력을 과시했다. 현재 한국의 인
공위성 기술력은 세계 최고 수준으로 꼽힌다.

하지만 발사체 개발은 더디게 진행됐던 게 사실이다. 우리별 1호
를 발사할 때 로켓에 대한 기술력이 떨어지고 경험도 없었던 만큼 한국

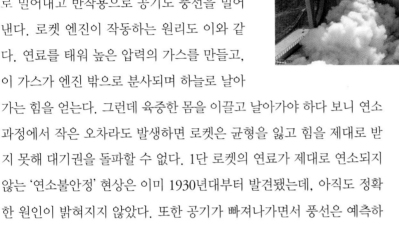

발사체가 아니라 유럽우주국(ESA)의 발사체 '아리안'을 이용했다. 당시만 해도 발사체 개발에 성공한 나라는 미국, 옛 소련(러시아), 일본, 중국, 유럽 등 일부에 불과했다.

1990년부터 한국은 고체연료를 이용하는 로켓 개발을 추진해 1993년 1단형 로켓 KSR-Ⅰ을 발사했다. 탑재물 없이 순수하게 연료만 채운 발사체를 상공으로 쏘아 올리는 실험이었다. 1997년 2단형 로켓 KSR-Ⅱ 발사에 성공하면서 '단' 분리 기술을 시험했다. 2002년 8월에는 액체연료를 사용하는 KSR-Ⅲ 발사에 성공했다. KSR-Ⅲ는 위성과 같은 탑재물을 싣지는 않지만, 발사체에 필요한 핵심기술을 상당 부분 시험했다는 평가를 받았다. 한국항공우주연구원은 KSR 로켓 개발을 토대로 액체로켓 발사 운용 기술, 킥모터·관성항법시스템 기술, 발사체 자세 제어 기술, 비행종단시스템 기술 등을 확보했다고 말한다.

이후 한국은 러시아와 함께 100kg 규모의 소형위성을 지구 저궤도에 올려놓는 '나로호' 개발에 나섰다. 발사체 핵심이 되는 1단 로켓은 러시아가 개발하고 한국은 위성을 저궤도에 내려놓는 2단 로켓 개발에 전력투구했다. 2단 로켓은 고체연료를 사용했는데, 1990년대부터 이어져 온 KSR 기술력이 토대가 됐다.

2단 로켓 나로호 vs 3단 로켓 누리호

2013년 1월 30일 세 번째 시도 끝에 나로호는 100kg의 연구용 위성인 '나로과학위성'을 고도 297km에 내려놓는 데 성공했다. 당시 나로호의 성공을 토대로 '우주 시대를 열었다'는 평가가 있었지만, 명백한 한계가 존재했다. 로켓의 핵심인 1단을 러시아에서 들여왔기 때문이다. 나로호는 러시아의 우주기업 흐루니체프가 만든 1단 액체연료 로켓(추력 170t급)을 사용했다. 나로호 사업을 시작할 당시 한국은 우주 선진국으로부터 핵심기술을 빠르게 배우는 방향을 선택했다. 하지만 로켓은 대륙간탄도미사일로도 활용될 수 있는 전략기술이다 보니 기술이전이 쉽지 않았다. 미국, 일본 등 로켓 선진국 모두 한국을 외면했다. 유일하게 러시아가 한국의 손을 잡아줬다. 러시아 흐루니체프는 1단 로켓을 한국으로 가져왔고, 우리 연구진은 2단 로켓 개발에 힘을 쏟았다. 당시 '1단 로켓에는 접근이 아예 금지됐다', '러시아 기술진이 한국 연구진과 눈도 마주치지 않는다'는 식으로 러시아가 자신들의 기술을 거의 공개하지 않았다는 소문이 파다했다. 하지만 함께 수년을 같이 연구하면서 한국 연구진은 러시아로부터 로켓 발사와 관련된 상당한 기술을 습득했다.

2013년 나로호 발사 성공으로 한국은 2단 로켓(추력 17t) 기술의 유도제어 시스템, 발사체 경량화, 지상 발사대 시스템, 발사체 운용 시스템 등과 관련된 기술을 상당히 확보했다. 또한 비록 1단 로켓 기술은 확보하지 못했지만, 나로호 발사 성공과 함께 독자적으로 로켓 기술을 확보하는 연구개발(R&D) 사업, 즉 누리호 사업으로 많은 투자를 받을 수 있는 동력을 얻을 수 있었다.

누리호는 액체연료 기반의 엔진 제작·설계 기술은 물론 시험설비 기술, 발사대, 발사 운용 기술까지 로켓 개발에 필요한 전 과정을 독

2013년 1월 나로호 발사 장면.
나로호의 1단 로켓은
러시아에서 들여왔다.
© 한국항공우주연구원

자적으로 개발했다는 점에서 의미가 크다. 핵심인 1단 로켓은 75t급 엔진 4기를 묶어(클러스터링) 300t의 추력을 낸다(300t의 추력은 무게 1.5t에 달하는 중형차 200대를 한 번에 들 수 있는 수준이다). 역시 한국이 도전해보지 않았던 분야다. 2단은 75t급 액체엔진, 3단은 7t급 액체엔진으로 각각 구성됐다. 나로호는 2단에, 100kg의 위성을 우주로 실어나를 수 있지만, 누리호는 3단으로 구성돼 있으며 액체연료를 사용한다. 우주로 보낼 수 있는 중량도 1.5t에 달한다. 나로호는 위성을 고도 300km에 내려놓았지만, 누리호는 고도 700km까지 올랐다. 누리호는 나로호와 비교했을 때 두세 단계 진화한 셈이다.

누리호의 가장 큰 특징 중 하나는 바로 '액체'연료다. 로켓은 활용 목적에 따라 고체연료 또는 액체연료를 사용한다. 일반적으로 1.5t급 실용위성을 지구궤도에 투입하는 '평화적인 목적'의 로켓(발사체)은 액체연료 방식을 주로 활용한다. 액체연료 로켓은 액체 상태의 연료(등유)를 분사하는 방식을 사용하는 만큼 고체연료와 비교했을 때 정교한 제어가 가능하기 때문이다. 다만 액체연료를 다루는 만큼 부품 냉각을 비롯해 가스 압력, 분출 등을 조절하는 게 쉽지 않다. 또한 액체연료 엔진은 고체연료 엔진과 비교했을 때 '비추력(연비)'이 높다. 따라서 적은 연료로도 더 많은 물건을 우주로 보낼 수 있다. 아폴로 프로젝트에 활용된 새턴 V를 비롯해 민간 유인 우주선 발사에 사용되는 미국 스페이스X의 대형 로켓 '팔콘9' 모두 액체연료를 사용한다.

반면 고체연료 엔진을 사용한 로켓은 액체연료 로켓처럼 정교한 제어가 불가능하다. 성냥과 같이 고체연료는 한번 불이 붙으면 멈출 수 없다. 고체를 사용하는 만큼 액체연료 엔진과 비교했을 때 구조가 단순하다. 또한 연료를 넣고 오랫동안 대기할 수 있을 뿐만 아니라 비용도 적게 든다. 따라서 많은 국가들은 고체연료 엔진이 장착된 로켓을 '대륙간탄도미사일'로 주로 활용한다. 액체연료 로켓은 발사 2~3일 전에 연료를 주입해야 하는데, 고체연료 로켓은 연료를 채워놨다가 원하는 순간 언제든 쏠 수 있기 때문이다.

누리호 1차 발사를 분석하며 2차 발사 준비

누리호 2차 시험발사는 2022년 5월로 예정돼 있었다. 하지만 3단 로켓의 연소가 부족했던 이유를 찾는 과정에서 설계 결함이 발견돼 2022년 하반기로 발사가 미뤄질 것으로 보인다. 누리호 발사를 이끈 한국항공우주연구원 등의 연구진은 발사 직후 이뤄진 회의에서 연소 도중 산화제 탱크 내부 압력이 비정상적으로 감소한 사실을 찾아냈지만, 정확한 원인을 파악하기 위해 2개월간의 분석을 거쳤다. 애초 산화제 탱크 자체의 밝혀지지 않은 결함, 헬륨 주입을 통해 산화제 탱크의 내부 압력을 일정하게 유지시켜 주는 가압 시스템의 오작동, 명령을 내리는 제어 시스템의 오류, 산화제 탱크와 헬륨 탱크 밸브 고장 등이 원인으로 점쳐졌다. 하지만 분석 결과는 '설계 오류'였다.

2021년 10월 누리호 발사 장면. 1, 2, 3단 로켓 모두 순수 국내 기술로 개발했다.
ⓒ 한국항공우주연구원

2021년 12월 29일 전문가 12명으로 구성된 조사위원회는 5차례 회의 끝에 "비행 시 발생하는 중요한 환경 영향을 설계에 반영하지 않았다"며 3단 로켓의 비행 실패 원인을 설계 오류라고 결론을 내렸다. 조사위에 따르면 누리호 이상 징후는 발사 36초부터 나타났다. 로켓 폭발을 그린 영화에 등장하는 것처럼 발사 후 예상치 못한 진동이 발생했고 이때부터

누리호 2차 발사는 2022년
하반기로 예정돼 있다. 사진은
1차 발사 때 발사대에서
기립하는 누리호(다중 노출).
© 한국항공우주연구원

헬륨 탱크에서 헬륨이 새어 나가기 시작했다. 이륙 후 115.8초가 지났을 때는 헬륨 탱크 압력이 떨어지면서 3단 산화제 탱크의 기체 압력이 상승했다. 헬륨 탱크는 산화제 탱크 안에 고정돼야 하는데, 비행 중 헬륨 탱크에 가해지는 액체 산소의 부력이 커지면서 고정장치가 풀렸고, 결국 산화제가 누설됐다. 이는 엄청난 반작용으로 누리호가 우주로 나아갈 때 발생하는 중력을 계산하지 않은 결과였다. 누리호는 1단 로켓이 연소될 때 중력의 4.3배에 달하는 가속도가 발생한다. 이 힘을 감안하지 않은 셈이다. 이렇게 발생한 산화제 누설 탓에 3단 엔진으로 유입되는 산화제 양이 감소하면서 로켓 비행이 조기에 종료됐다.

이후 누리호 2차 발사가 성공적으로 이뤄지면 누리호는 실제 위성을 싣고 올라가게 된다. 과학위성인 '차세대 소형위성 2호'를 시작으로 '차세대 중형위성 3호', '초소형 위성 1호' 등을 총 4차례에 걸쳐 발사하는 중소형 위성 발사 계획이 2027년까지 예정돼 있다. 2030년에는 한국형 발사체로 달 착륙선을 자력 발사하는 것을 목표로 하고 있다. 누리호 위에 고체엔진을 4단으로 얹으면 달까지 보낼 수 있는 화물 중량 730kg을 확보할 수 있다.

우주기술 발전 5단계에 진입해

2020년은 민간기업의 우주개발이 그 어느 때보다도 빠르게 진행된 한 해였다. 2020년 5월 30일 스페이스X의 팰컨9 발사체가 유인 우주선인 '크루 드래건'을 싣고 우주로 날아올랐다. 이틀 뒤인 6월 1일, 크루 드래건은 중국 상공 422km 고도에서 지구를 선회하던 국제우주정거장(ISS)에 성공적으로 도킹했다. 크루 드래건은 2011년 미국항공우주국(NASA)의 우주왕복선이 은퇴한 뒤 9년 만에 미국 땅에서 우주로 날아간 최초의 유인 우주선이라는 영예와 함께 인류의 우주개발 역사상 처음 민간기업 주도로 발사된 유인 우주선이라는 명예를 갖게 됐다. 민간기업이 우주개발에 참여하는 시대, 즉 뉴스페이스 시대가 열린 것이다.

2021년 9월 NASA 우주인이 민간우주기업 스페이스X의 우주선 '크루 드래건'을 타고 국제우주정거장(ISS)을 방문했다. ⓒ 스페이스X

스페이스X와 경쟁하고 있는, 아마존 창업자 제프 베조스의 블루 오리진도 2020년 10월 13일 미국 텍사스 사막지대에서 '뉴세퍼드3' 발사체를 발사했다. 우주의 경계선으로 불리는 고도 100km까지 올라갔다 지상으로 내려올 수 있는 뉴세퍼드3은 이로써 '1개 로켓 7번 발사'에 성공하면서 스페이스X의 '1개 로켓 6번 발사'를 뛰어넘는 로켓 재활용(회수) 기록을 세웠다. 2020년 10월에는 스페이스X가 미국 텍사스주의 한 시골 학교와 워싱턴 태평양 연안에 살고 있는 인디언 부족에게 900

블루 오리진의 재활용 로켓 '뉴세퍼드' 발사 장면. ⓒ 블루 오리진

개의 인공위성을 활용한 '우주인터넷'을 제공하기도 했다. 이어 워싱턴

과 아이다호 등 도서 지역을 대상으로 월 99달러에 우주인터넷을 사용할 수 있다는 베타 테스트 초청장을 발송했다. 마이크로소프트도 2020년 10월, 인공위성을 기반으로 우주에서 얻은 데이터를 제공하는 '우주클라우드' 사업 진출을 알렸다.

우주기술 발전은 크게 5단계로 나뉜다. 1단계는 지구를 벗어나 무인 우주탐사를 시작한 시기다. 1957년 옛 소련이 인류 최초의 인공위성 '스푸트니크 1호'를 발사한 이후부터 미국의 아폴로 달탐사 프로젝트가 성공한 1972년까지다. 2단계는 1986년까지로 우주정거장과 우주왕복선이 등장하고 미국과 옛 소련 이외에 유럽, 일본, 중국 등 새로운 우주강국이 부상한 시기다. 이어 민수용, 상업용 우주기술 개발이 확대되고 2세대 우주정거장인 국제우주정거장(ISS)이 설립된 2002년까지가 3단계다. 디지털 기술의 확산과 함께 시작된 4단계는 우주기술 활용 범위가 빠르게 확대되고 우주활동의 국제화가 이뤄진 시기다. 2018년 4단계가 종결되고 현재는 5단계에 진입했다. 이 단계에서는 위성의 데이터 사용이 증가하면서 서비스 시장이 확대되고 우주기술 파급효과가 산업과 빠르게 연결된다. 신기술이 우주개발을 이끌고, 여기서 만들어진 기술이 민간으로 파급되는 선순환 구조가 본격적으로 확대되는 시기다. 이 시기에는 새로운 기술은 물론 '비즈니스'에 대한 탐색이 강화돼야 한다. 즉 우주개발을 고려할 때 경제적 효과를 따져도 되는 시기가 도래했다는 의미다.

이제는 우주에서 '돈' 버는 시대

이제 우주는 단순히 국력을 과시하는 일부 국가들의 전유물이 아닌 시대가 됐다. 스페이스X, 블루 오리진 등 민간기업들이 등장하면서 우주로 향하는 비용이 기존에 대비해 절반 이하로 떨어졌다. 이들은 로켓을 재활용하면서 발사 비용을 대폭 낮췄다. 스페이스X는 홈페이지에 팔콘9 발사체 발사 비용을 620만 달러(약 68억 원)로 제시하고 있다. 로켓을 하나 개발하고 발사하는 데 수천억 원의 돈이 필요했던 과거를 떠올리면 격세지감이라는 사자성어가 떠오를 정도다. 작은 위성(초소형 위성)은 더 싼 가격으로 보유할 수 있다.

스타링크 위성이 발사되기 전 쌓여 있는 모습. ⓒ 스페이스X

우주로 향하는 비용이 낮아지자 결국 전 세계의 '돈'이 우주로 몰리고 있다. 투자정보 업체인 '스페이스 캐피털'에 따르면 2021년 1~9월까지 우주기업에 대한 민간 투자액은 약 11조 8,000억 원을 넘어섰다. 역대 최대 규모다. 돈이 들어오자 앞서 언급한 민간 우주기업들의 도전 속도는 점점 더 빨라지고 있다. 지구상에 '조만장자(trillionaire)' 타이틀을 가진 이가 단 한 명도 없는 지금, 혁신의 아이콘으로 불리는 '엑스프라이즈' 재단 회장 피터 디아만디스는 "인류 최초의 조만장자는 우주에서 나올 것"이라고 예언하기도 했다. 모건스탠리 리서치 우주팀은 2020년 7월 발간한 '우주산업 보고서'를 통해 2016년 3,500억 달러 규모의 글로벌 우주산업 매출액이 2040년경 1조 달러를 넘어설 것으로 추산했다.

우주에서 '역대급' 돈을 벌 수 있다는 가능성이 높아지자 새롭게 생겨난 시장을 쫓으려는 경쟁은 치열해지고 있다. 가령 일본 도요타는 일본우주항공연구개발기구(JAXA)와 함께 달탐사 로버 '루나 크루저'를 개발하고 있다. 여기에 세계 1위 타이어 기업 브리지스톤이 달탐사선에 적합한 타이어를 제공하기 위한 R&D에 뛰어들었다. 중국의 대형 자동차 업체인 베이징자동차그룹도 2019년 상하이 모터쇼에서 중국 달탐사 프로젝트에 참여하겠다는 의사를 밝힌 바 있다. 애플도 2019년 인공위성에서 아이폰으로 직접 데이터를 전송할 수 있는 기술을 연구개발하는 팀을 운영하고 있는 것으로 알려지면서 우주개발에 발을 들이밀었다. 아마존은 '카이퍼 프로젝트'를 통해 스페이스X의 스타링크처럼 3000개가 넘는 인공위성을 쏘아올려 전 지구에서 활용 가능한 '우주 인터넷' 사업을 추진하고 있다.

기술이 생기니 시장이 열리고, 돈이 몰리니 아이디어가 현실이 되고 있다. 대표적으로 인공위성을 이용해 우주에 연구공간을 제공하는 기업들의 태동을 꼽을 수 있다. 우주공간은 무중력 상태인 만큼 지구와 달리 정밀한 화학반응이 일어나 불순물이나 균열이 없는, 균일한 화합물을 만드는 게 가능하다. 또한 수직으로 중력이 작용하면 물질의 구조가 3차원으로 잘 형성되지 못하고 평면으로 자라는 문제가 있는데, 우주에서는 물질을 완전한 3차원 형태로 만들 수 있다. 따라서 이론적으로만 존재하는 소재 개발이 충분히 가능하다. 실제로 국제우주정거장(ISS)에서는 많은 과학실험이 진행되고 있는데, 지구에서는 찾을 수 없는 결과들이 나온다. 예를 들어 일본우주항공연구개발기구(JAXA) 연구진은 치매를 유발하는 단백질로 알려진 '베타 아밀로이드' 원섬유가 미세 중력 환경에서 성장하는 과정을 연구한 결과를 소개했다. 연구진은 베타 아밀로이드 원섬유가 ISS 환경에서 천천히 성장했으며 단순한 형태를 이루면서 성장한다는 사실을 찾아냈다. 이 결과를 통해 미세 중력 환경에서 베타 아밀로이드 원섬유가 만들어지는 메커니즘이 좀 더 명확하게 규명됐는데, 이는 치매 치료제 연구에 기여할 것으로 기대되고 있다.

"지구는 너무나 작은 무대"…뉴 스페이스 시대

"지구는 우주라는 광활한 곳에 있는 너무나 작은 무대다."

『코스모스』의 저자 칼 세이건은 1990년 지구로부터 60억km 떨어진 곳에서 보이저 1호가 찍은 지구 사진을 가리켜 '창백한 푸른 점(Pale Blue Dot)'이라고 표현했다. 명왕성에서 바라본 지구는 4절지 도화지에 찍힌 작은 점보다도 희미했다. 크기를 가늠할 수 없는 우주에서 지구는 단지 '외로운 얼룩'에 불과했다. 세이건은 이 사진을 통해 "지구는 광활한 우주에 떠 있는 보잘것없는 존재에 불과함을 사람들에게 가르쳐주고 싶었다"고 밝혔다.

그가 지구를 작은 무대라고 지칭했던 건 인류의 오만함을 지적하기 위함이었다. 30년이 지난 지금, 인류는 세이건이 남긴 '작은 무대'라는 단어에서 그가 빗댄 비유를 빼버렸다. 2020년 인류는 코로나19 확산 속에서도 수백 차례 발사체를 쏘아 올리며 유례없는 우주개발 족적을 남겼다. 우주를 바라보는 인류에게 지구는 말 그대로 작은 무대에 불과했다.

지난 7월 버진그룹 리처드 브랜슨 회장이 버진갤럭틱의 우주비행선을 타고 고도 88.5km까지 올라 중력이 거의 없는 미세중력 상태를 체험한 뒤 지구로 귀환했다.
ⓒ 버진갤럭틱

이제 우주는 더 이상 먼 곳이 아니다. 세계 1·2등 부자인 머스크와 베이조스는 경쟁적으로 로켓을 쏘아 올리고 SNS를 통해 서로를 견제하며 우주로 향하고 있다. 페이스북, 애플, 아마존, 구글 등 글로벌 기업은 물론 미국, 유럽, 중국, 일본, 룩셈부르크 등 많은 국가도 우주를 선점하기 위한 경쟁을 시작했다. 시장도 반응했다. 우주 기업들의 주가가 크게 오르고 자산운용사들은 앞다퉈 우주를 주제로 한 펀드를 출시하고 있다.

우주개발 분야에서 선진국에 대비해 다소 늦었다는 평가를 받는 한국은 2021년 누리호를 발사하면서 '뉴 스페이스(new space)' 시대에 대응하기 위한 채비를 갖춰나가고 있다. 한국 또한 제2의 아폴로프로젝트인 미국항공우주국(NASA)의 '아르테미스 계획'에도 참여할 수 있게 됐다. 아르테미스 프로그램의 가장 큰 특징은 민간기업의 참여가 활발하다는 점이다. 한국 기업들도 우주개발에 뛰어든 다른 글로벌 기업과 마찬가지로 우주로 향할 수 있는 발판을 마련했다. 로켓 기술이 없다 하더라도, 우주 연구공간을 제공하는 벤처기업처럼 우주로 향할 수 있는 틈새시장은 항상 열려 있다. 아이디어만 있으면 우주에서 돈을 벌 수 있는 시대, 이른바 뉴 스페이스 시대가 도래했다. 세이건의 말대로, 이제 정말 지구는 너무나 작은 무대가 되어 버렸다.

ISSUE 4 산업

요소수 대란

고재웅

충남대에서 언론정보학을 전공하고, KAIST에서 과학저널리즘으로 석사학위를 받았다. 한국과학재단(현 한국연구재단)에서 과학 홍보 업무를 담당한 것을 시작으로 대덕넷, 동아사이언스, 테크업 등에서 기자와 PD로 활동하며 과학기술을 대중에게 알기 쉽게 전달하는 콘텐츠 제작에 주력해 왔다. 글과 영상으로 과학기술을 시각적으로 표현하는 것에 관심이 많아 '과학시각화 전문가(science visualizer)'를 자처하고 있다. '과학은 대중으로, 대중은 과학으로'라는 모토로 과학기술 전문 영상회사 ㈜미디어큐빗을 창업해 운영하고 있다. 건양대, 폴리텍대 등에 출강했으며 저서로는 『KAIST 미디어의 미래를 말하다(공저)』가 있다.

요소수 대란 왜 일어났나?

최근 '요소수 대란'은 중국에서 석탄 생산이 줄면서 석탄을 원료로 생산하는 요소의 수출을 제한해 발생했다. 사진은 중국의 한 석탄 광산.

요즘은 사람 사이나 집단 간에 성격이나 뜻이 의외로 잘 통하면 '케미가 맞다'라는 말을 쓴다. 케미는 '화학'을 일컫는 영어의 '케미스트리(chemistry)'에서 나왔다. 변화가 뚜렷한 화학적 결합만큼이나 시너지를 낼 수 있을 때 주로 쓴다. 국가 간에도 어떤 계기에 의해 케미가 잘 맞거나 맞지 않을 때가 있다. 세계화와 자유무역 물결이 잦아들면서 보호무역 강화와 자국 우선주의 등에 의해 케미가 틀어지는 일이 많다. 국가 간 경쟁이나 갈등으로 인한 정책 차원에서도 일어나지만, 때로는 쭉 원만했거나 예상치 못하던 산업 일부분에 엉뚱한 불꽃이 튀기도 한다. 최근 우리와 중국 사이가 그렇다. 바로 '요소' 때문이다.

중국의 전력난과 석탄 가격 상승이 불러온 '요소수 위기'

　　최근 중국은 전력 부족 사태를 겪고 있다. 2020년 시진핑 주석은 유엔총회에서 2060년까지 탄소중립을 달성하겠다고 선언했다. 2022년 개최될 베이징 동계올림픽을 대비해 2018년부터 '청천(晴天, 맑은 하늘) 계획'을 시행하면서 석탄 생산량을 줄여오던 터였다. 중국의 전력공급은 63.2%를 석탄 화력 발전이 감당하고 있다. 세계 전체 석탄 화력발전량의 52.2%를 차지하는 비중이다. 석탄 화력 발전의 의존이 상당히 높은 상황에서 탄소중립 정책 강화와 재해로 인해 전력공급에 차질이 생기고 있다.

　　2021년 9월에는 31개 성 중 20개 성에 대규모 정전이 일어났다. 석탄 가격 상승, 저탄소 정책에 의한 전력 공급 제한, 수력 발전량 부족 등이 원인으로 지목된다. 2021년 10월에는 중국 최대의 석탄 산지인 산시성에 5일간 100~200mm가 넘는 폭우가 내려 큰 홍수가 일어났다. 이재민만 5만여 명, 폐쇄된 석탄 광산은 60곳이었다. 2020년 중국 전체 석탄 생산량은 38억 4000만 톤이며 이 중 산시성에서만 10억 6300만 톤을 채굴할 정도로 비중이 높았다. 2021년 산시성 석탄 생산 목표는 약 12억 톤으로 올린 상황이었지만, 홍수로 인해 약 8억 톤 정도만 생산한 채 멈춰버린 것이다.

　　증가하는 전력 수요를 감당할 만큼 석탄 공급이 이뤄지지 않자 석탄 가격이 천정부지로 뛰었다. 2020년 말경 발열량이 5500kcal/kg인 석탄 기준으로 톤당 642위안에서 2021년 9월 1,079위안으로 68%가 올랐다. 같은 기간 발열량 5000kcal/kg의 석탄은 583위안에서 980위안으로 68%, 4500kcal/kg의 석탄은 519위안에서 857위안으로 65% 인상됐다. 가격 상승은 석탄에서 추출한 원료를 이용하는 산업에도 영향을 끼치고 있다. 중국은 전체 석탄 생산량의 47% 정도를 철강 및 화학산업에 투입하고 있다.

　　석탄 원료로 암모니아와 요소를 생산하는 설비는 중국이 세계

95%를 차지하고 있고, 요소 수출량은 세계 1위다. 따라서 요소 비료의 가격도 2020년 9월 톤당 1,731위안에서 2021년 9월 2,845위안, 10월 3,158위안으로 대폭 올랐다. 비료 수급 안정성에 비상이 걸렸다. 게다가 세계 비료 가격도 오른 상황이라 중국 비료업계들이 요소 비료의 수출량을 늘리면서 중국 국내 비료 재고량은 떨어졌다. 겨울철 밀재배와 난방량 증가 등에 대비하기 위한 국내 비축량을 늘리기 위해 중국은 마침내 수출 규제에 나섰다. 2021년 10월 15일 29종의 비료 품목에 대한 수출 검역 관리방식 변경을 발표했다. 질소비료 중 요소, 비료용 염화암모늄, 인산비료, 칼륨비료 등을 수출할 때 반드시 출입국검험검역기관의 검역을 거치도록 했다. 그동안 별다른 조건 없이 수출해왔던 품목들이라 사실상의 수출 제한 조치로 여겨졌다. 요소를 100% 수입해 비료 생산과 산업용, 차량용에 사용하는 우리나라에 난데없이 '요소수 대란' 위기가 엄습해왔다.

'요소수 대란'이 진정되기까지

2021년 10월 말 중국의 수출 규제 소식이 전해지자 국내에서는 요소수 품귀 현상이 나타났다. 요소수 재고 물량 가격도 최대 10배 가까이 오르기 시작했다. 대부분 언론은 요소수 대란으로 인한 '물류 초비상'에 대한 우려를 보도했다. 디젤엔진을 사용하는 차량은 질소산화물 배기를 막기 위해 선택적 촉매 환원(Selective Catalytic Reduction, SCR) 장치를 장착하고 있다. 바로 SCR 장치에 요소수가 환원제로 쓰인다.

요소 수입이 막히면 요소수 생산도 멈출 수밖에 없다. 요소수는 요소와 물을 섞어 만든다. 디젤 승용차뿐만 아니라 물류를 책임지고 있는, 약 215만 대에 이르는 중·대형 화물차들이 요소수가 없어 당장 운행을 중단해야 할 수도 있었다. SCR 장치에 요소수가 없으면 시동이 걸리지 않거나 운행이 제한된다. 승용차는 1만 5000~2만km마다 요소

수 충전이 필요하지만, 장거리를 운행하는 화물차는 300~400km마다 보충해야 한다. 요소수를 자주 넣는 만큼 재고량도 충분해야 한다. 요소 수입 차질이 국내 물류 산업까지 불안하게 만들었다. 정부 실무진이 협의에 나섰지만, 중국 내의 석탄 수급이 안정화되지 않는 이상 사태가 장기화할 조짐이 보였다.

　11월 들어 국무총리실이 나서 기획재정부, 외교부, 관세청, 산업통상자원부 등 정부 부처가 대책 마련에 들어갔고, 러시아산 요소 수입을 시도했다. 일부 지역에서 화물차들이 운행을 중단했다. 정부는 요소수 사재기를 금지했다. 항간에는 요소수 대신 소변을 사용하거나 요소수를 물에 희석해 사용하기, 비료용 요소 사용 등의 정보가 돌아 전문가들이 나서

국내 디젤 차량 중 많은 수가 질소산화물 배기를 막기 위해 선택적 촉매 환원(SCR) 장치를 장착하고 있다. SCR 장치에 요소수가 필요하다. 사진의 파란색 뚜껑을 열고 요소수를 주입한다.

서 잘못된 내용임을 지적했다. SCR 장치를 차단하거나 개조하는 방식도 차량에 무리를 줄 수 있다. 급기야 소방차나 구급차와 같은 긴급차량에 요소수를 기부하는 시민들도 나타났다. 이에 청와대가 나서서 관련 정부부처에 대책을 주문했다. 문재인 대통령은 '수급 안정을 위해 가용한 모든 방법을 동원해 국내외적으로 발 빠르게 대응하라'라고 지시했다.

　다행히 중국의 석탄 수급 상황이 호전되고 우리나라 정부와 기업이 백방으로 노력한 끝에 '요소수 대란'은 진정국면에 들어섰다. 중국은 석탄 생산량이 늘어나면서 11월 중순께에는 계약이 완료된 1만 8700톤을 우리나라에 수출하겠다고 밝혔다. 국내 주요 요소수 생산업체인 롯데정밀화학은 요소 원료 1만 9000톤을 확보했다. 우리 정부는 베트남, 호주, 사우디아라비아로부터도 요소를 수입하기로 했고 요소수 가격이 다시 내려가면서 수급이 안정화됐다. 11월 말 현재 정부와 산업계의 대처, 중국의 석탄 생산 및 가격 안정화로 요소수 대란 위기는 일단 넘긴

상태다.

이번 사태는 원료 수입의 중국 의존도가 얼마나 심각한 결과를 나타낼 수 있을지 보여준다. 중국 국내 사정이 안정적일 때는 우리나라도 괜찮지만 반대의 경우 우리에게 피해가 올 수 있다. 하지만 우리나라는 요소 외에도 많은 종류의 원료 수입을 특정 국가에 의존하고 있다. 지금처럼 변화무쌍한 세계정세 속에서 제2, 제3의 요소수 대란이 오지 말란 법은 없다. 따라서 수입처 다변화와 자체 생산 능력 마련 등으로 원료의 장기적인 수급 계획을 세워야 한다.

또한 화석 원료에 대한 의존도를 줄이기 위해 전기차 및 수소차, 바이오플라스틱, 에너지 전환 등에 관련된 다양한 과학기술 연구개발도 필요하다. 이는 세계적인 탄소중립 기조와도 일치한다. 현대 사회의 모든 것은 화석 원료를 사용하는 화학산업이 기반이 된다. 화학산업은 양날의 검이다. 인류에게 풍요와 풍족을 주었지만, 자연의 지속가능성에는 부담이 됐다. 결국 화학산업, 나아가 과학기술이 해결책 일부를 책임져야 할 것이다.

요소를 합성해 식량 문제를 해결하다

이번 요소수 사태를 통해 요소와 인공 합성 요소에 대해 알아보자. 근대 화학의 아버지라 불리는 프랑스의 라부아지에(Antoine Laurent de Lavoisier, 1743~1794)는 산소 발견 및 연소와의 상관관계를 밝히고, 화학반응에서의 질량보존의 법칙, 원소법칙을 확립하면서 18세기 화학혁명을 완성했다. 라부아지에 이후 화학 분야는 폭발적으로 발전하면서 현대 산업화의 근간이 됐다. 이를 통해 인류는 최대의 풍요로운 삶을 누리고 있다. 무엇보다 요소 비료의 등장으로 식량 문제를 해결할 농업 생산성이 비약적으로 증가했기 때문이다.

요소는 인간을 포함한 동물의 체내에서 나오는 소변의 주요 성분이다. 동물은 먹이에서 필요한 단백질을 구한다. 체내에 흡수된 단백질은 간에서 아미노산으로 분해된다. 질소를 포함하고 있는 아미노산 분자는 물과 이산화탄소로 다시 분해된다. 이때 질소는 암모니아가 된다. 암모니아 자체는 독성이 강해 요소로 변환되어 소변으로 배출된다.

전통적으로 인간과 동물의 대소변은 작물을 키우는 거름으로 사용되어 왔다. 여기에 포함된 요소는 질소를 가지고 있다. 밭에 거름을 뿌리면 토양의 미생물이 요소를 암모니아로 분해한다. 물에 매우 잘 녹는 암모니아는 뿌리를 통해 작물에 흡수된다. 암모니아로부터 분리된 질소는 아미노산, 핵산, 세포막지질, 호르몬 등을 합성하는 데 쓰인다. 특히 풍부한 아미노산은 단백질 합성을 촉진해 작물을 성장시키게 된다. 작물의 단백질은 다시 인간이나 동물의 영양분으로 섭취된다. 질소의 순환이 자연의 번영에 직접적인 영향을 미치고 있다.

인공 합성 요소도 처음에는 축복처럼 인류에게 다가왔다. 독일의 뵐러(Friedrich Wöhler, 1800~1882)는 분자식은 같고 성질은 서로 다른 물질인 이성질체 연구를 통해 최초로 무기물인 시안산암모늄(NH_4OCN)을 가열해 유기물인 요소(CH_4N_2O)를 합성했다. 이는 여타의 화합물 실험과는 차원이 달랐다. 요소는 유기물이다. 당시 사람들은 유기물은 생명체만이 만들어낼 수 있다고 굳게 믿고 있었다. 생명 활동으로 만들어지는 요소를 무기물로 실험실에서 합성할 수 있다는 사실은 유기물에 생명력이 있다는 당시의 믿음을 깨기에 충분했다. 뵐러의 업적으로 유기물에 대한 인식이 생명력을 가진 물질에서 탄소를 포함하는 물질로 바뀌었다. 물론 수많은 과학자가 유기화합물 연구에 뛰어들기 시작했다.

유럽에서 18세기에서 19세기에 걸쳐 일어난 1차 산업혁명은 농경 중심으로 돌아가던 사회를 산업사회로 바꿔 놓았다. 제임스 와트(James Watt, 1736~1819)의 증기기관은 광산에서 광물을 싣고 도시까지 운반했고, 방직 공장에서 모직이 대량으로 생산됐다. 사람들은 도시로 모여들고, 제국주의자들은 세계 곳곳에 식민지를 개척해 물자를 실어날랐다. 활발한 산업사회 속에서 인구는 팽창했다. 개간이나 새로운 농법 및

유기물인 요소를 합성하는 데 성공한 독일의 뵐러.
© Peter Geymayer/wikipedia

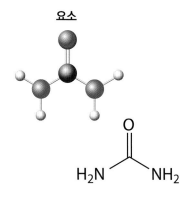

요소

H_2N NH_2

요소(CH_4N_2O)의 화학 구조.

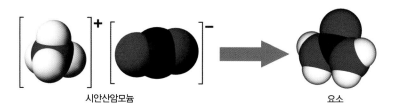

시안산암모늄

요소

뷜러는 무기물인 시안산암모늄(NH_4OCN)을 가열해 유기물인
요소(CH_4N_2O)를 합성했다. © wikipedia

육종이 개발되어 늘어난 인구에 필요한 식량을 조달했다. 하지만 자연
에 존재하는 질소만으로는 곧 식량 문제를 감당하기 어려워졌다. 20세
기 들어 화학물질로 합성한 인공 비료의 등장은 식량 문제 해결의 기반
이 됐다.

암모니아(NH_3)는 질소 원자 한 개와 세 개의 수소로 구성된다. 대
기 중의 질소는 두 개의 원자로 구성된 분자형태(N_2)로 존재한다. 질소
분자는 매우 강하게 결합돼 있어 원자단위로 분리하기 쉽지 않다. 질소
원자를 분리하고 암모니아를 합성하는 다양한 방법이 실험됐지만, 대
량생산을 위한 상용화에는 적합하지 않았다. 독일의 하버(Fritz Jakob
Haber, 1868~1934)는 공기 중의 질소와 수소를 철 계통의 촉매를 이
용해 암모니아로 합성하는 방법을 개발했다. 수많은 실험을 거듭해 오
스뮴을 촉매로 사용할 때 암모니아 수율이 높아지는 현상을 발견했다.
이는 실험실을 떠나 산업에 적용할 수 있는 상용화 수준의 결과였다. 이
공로로 하버는 1918년 노벨화학상을 수상했다. 하버는 화학기업인 바
스프(BASF)의 연구원인 보슈(Carl Bosch, 1874~1940)와 함께 암모니
아를 대량생산할 수 있는 공정 개발에 들어갔다. 이 과정에서 오스뮴
(Os) 촉매는 값이 저렴한 철산화물 계통으로 대체됐다. 오늘날에도 암
모니아 합성 및 생산에 쓰이고 있는 '하버–보슈법'이 완성됐다. 암모니
아와 이산화탄소를 합성해 요소를 만드는 '보슈–마이저 공정'도 개발됐
다. 보슈는 1931년 노벨화학상을 수상했다. 암모니아를 요소로 합성한

성분을 주원료로 하는 질소비료도 대량생산할 수 있게 됐다. 인류 식량 문제 해결의 돌파구가 마련된 셈이다.

요소를 주원료로 하는 질소비료의 개발로 식량 문제가 해결됐다. ©pixabay

질소산화물(NOx)과 배기가스 규제

1952년 12월 4일 한낮의 런던. 맑았던 도시에 난데없이 짙은 안개가 깔리기 시작했다. 기온이 뚝 떨어지자 사람들은 석탄을 마구 땠고 굴뚝에서 나온 아황산가스가 도시를 가득 메웠다. 날이 밝아도 짙고 어두운 안개는 계속됐고 교외 역에서 열차가 충돌하거나 템스강에서 증기선 충돌사고가 일어났다. 사람들은 호흡곤란을 호소했고 가축들도 폐사하기 시작했다. 변덕스러운 날씨에 익숙한 런던이었지만 이 현상은 이전과 분명 달랐다. 유명한 '런던 스모그 사건' 이야기다. 런던의 스모그 현상은 유럽 전역에 영향을 미치게 됐다. 1953년 대기 오염 실태와 대책

1952년 12월 런던 스모그 발생 당시 희미하게 보이는 넬슨 기념탑. © N T Stobbs/ wikipedia

을 논의하기 위해 모인 '비버 위원회'의 보고서를 바탕으로 1956년 '대기 오염 청정법'이 제정됐다.

전 세계적으로 대기 오염의 심각성과 환경보전에 대한 필요성은 여러 국제기구를 통해 지금까지도 계속 논의되고 있다. 다양한 요인에 의한 환경오염은 인간에게 직접적인 피해를 끼쳐왔고, 이제는 기후변화라는 지구 전체 문제로 확장됐다. 산업화 이후 100여 년간 지구 전체 평균 온도는 약 1℃ 상승했다. 우리나라는 1.7℃가 올라 평균치보다 높다. 2021년 8월 발간된 IPCC(기후변화에 관한 정부 간 협의체) 6차 보고서에 따르면 향후 20년간 지구 평균 온도는 1.5℃까지 높아질 위기에 놓여 있다. 보고서에 의하지 않더라도 최근 우리나라는 짧아진 봄과 가을, 여름의 폭염과 열대야, 장기간 폭우로 늘어난 강수량, 겨울의 강력한 추위가 기후변화를 체감하게 한다. 기후변화는 생태계를 비롯한 전반적인 지구 시스템의 붕괴라는 비극까지 이어진다.

기후변화의 주요 요인은 이산화탄소 같은 온실가스다. 온실가스가 많아지는 이유는 화석 원료의 막대한 사용에 있다. 전기를 만드는 발전, 자동차, 기차, 선박, 비행기 같은 운송수단의 내연기관, 많은 기계 장비, 매일 사용하는 플라스틱 제품 등 거의 모든 것이 화석 원료나 연료의 영향 아래 있다. 세계 경제도 유가의 등락에 따라 움직인다. 대량의 온실가스 배출이 불가피한 시대다. 당장 화석 원료의 사용을 중단할 수 없기 때문에 온실가스 배출량을 최대한 줄여야 한다.

한편 질소산화물은 질소(N)와 산소(O)가 결합한 형태로 일산화질소(NO), 이산화질소(NO_2), 아산화질소(N_2O), 삼산화이질소(N_2O_3), 사산화이질소(N_2O_4), 오산화이질소(N_2O_5) 등이 있다. 이 중 일산화질소(NO)와 이산화질소(NO_2)를 합쳐서 NOx로 표현한다. NOx는 대기 중 미세먼지와 산성비를 만들어낸다. 세계보건기구(WHO)는 2013년 NOx를 1급 발암물질로 지정했다. 특히 이산화질소(NO_2)는 호흡기 질환을 일으킨다. 또 아산화질소(N_2O)는 배출량은 적지만 이산화탄소보다 지구온난화지수가 310배나 강력한 온실가스다.

질소산화물이 문제가 되는 이유는 디젤엔진을 사용하는 차량의 배기가스에 섞여 대기 중으로 배출되기 때문이다. 1897년 독일의 디젤(Rudolf Diesel, 1858~1913)에 의해 개발된 디젤엔진은 오늘날까지 사용되는 대표적인 차량 내연기관이다. 휘발유보다 가격이 싼 경유를 연료로 쓰면서 높은 효율과 출력을 낼 수 있어 소형에서 대형 차량까지 폭넓게 사용된다. 디젤엔진은 흡입, 압축, 폭발, 배기의 4행정 1사이클로 작동한다. 흡입 행정에서는 대기 중의 공기를 빨아들인다. 연소를 통한 폭발을 위해서는 산소만 필요하지만 대기 중에 훨씬 많이 존재하는 질소도 대량 유입된다. 압축 행정에서는 흡입한 공기의 압력을 높여 온도를 600℃ 이상으로 올린다. 폭발 행정에서는 연료를 고온의 압축공기에 분사해 자연발화를 일으킨다. 대기 중에서 안정했던 질소분자(N_2)는 연소실의 높은 압력과 온도로 인해 원자(N) 단위로 분리되면서 산소와 반응해 질소산화물이 만들어진다. 탄소와 수소로 구성된 경유(평균 분자량 $C_{12}H_{24}$)도 다양한 화학반응을 일으켜 매연, 미세먼지(Particulate

유로 6 기준이 적용된 디젤 버스.

Matters, PM)를 생성한다. 배기 행정에서는 질소산화물과 매연, PM 등을 밖으로 배출한다.

산업화 이후 장거리 이동의 편리성과 물류 및 유통, 관광산업 등이 발달하면서 자동차를 비롯한 다양한 수송수단이 기하급수적으로 늘어나면서 배기가스의 유해성도 증가했다. 1943년 미국 캘리포니아에서는 심각한 스모그 현상이 나타났다. 10년 후인 1952년 이 스모그의 원인이 자동차 배기가스인 것으로 밝혀졌다. 1970년 미국은 머스키 상원의원이 제안한 '대기 오염 방지법'을 제정하고 규제에 들어갔다. 우리나라는 1978년 제정된 '환경보전법'에서 분리된 '대기환경보전법'을 1991년부터 시행하면서 지속해서 내용을 추가하고 수정하고 있다. 유럽연합(EU)에서는 1992년 '유로 1'을 시작으로 경유 자동차의 질소산화물 같은 배기가스를 규제하고 있고, 현재 2014년 발효된 '유로 6'을 시행하고 있다. 우리나라도 자동차 수출량이 늘어나면서 1994년부터 유로 기준을 따르고 있다. 2011년 유로 5, 2015년부터는 유로 6을 전면 시행하고 있다. 유로 5 기준부터 요소가 다시 등장한다.

유럽 배기가스 배출 규제 기준

규제 내용	유로 1	유로 2	유로 3	유로 4	유로 5	유로 6	유로 7
주요처리방식	연료 전자제어 분사(상용차 한정) + EGR		전자식 CRD + EGR	DPF/DOC + EGR	SCR + 요소수	SCR + 요소수 엔진 직분사	
적용시점(유럽)	1992년	1996년	2001년	2005년	2008년	2014년	2025년
적용시점(한국)	1994년	2003년	2005년	2008년	2011년	2016년	
질소산화물(NOx) 배출량	9.0 이하	7.0 이하	5.0 이하	3.5 이하	2.0 이하	0.4 이하	km당 30g 이하
일산화탄소(CO) 배출량	4.5 이하	4 이하	2.1 이하	1.5 이하		1.5 이하	km당 500g 이하
미세먼지(PM) 배출량	0.4 이하	0.25 이하	0.1 이하	0.02 이하		0.01 이하	
탄화수소(HC) 배출량	1.1 이하		0.66 이하	0.46 이하		0.13 이하	
비고	유로 6이 현재 적용되고 있는 규정이며 디젤 엔진 기준이다. 배출량 단위 기준은 g/kWh에 따른다.						

차량 배기가스 저감 장치 3대장

디젤엔진의 치명적 단점은 질소산화물을 줄이면 매연과 PM이 늘어나고, 매연과 PM을 줄이면 질소산화물이 늘어나게 된다는 점이다. 디젤엔진 자체를 개선하는 것만으로 규제 기준을 맞추기에는 한계가 있었다. 자동차를 대상으로 한 배기가스 규제가 강화되면서 제조사들은 후처리 장치를 개발해 장착했다. 이 후처리 장치에는 대표적으로 배기가스 재순환(EGR) 장치, 디젤 미립자 필터(DPF), SCR 장치가 있다.

1973년 미국의 크라이슬러사는 배기가스 재순환(Exhaust Gas Recirculation, EGR) 장치를 최초로 개발했다. EGR 장치는 엔진에서 연소하고 나온 배기가스 일부를 엔진에 다시 돌려보내 재사용하면서 질소산화물 발생을 줄여준다. 이산화탄소가 포함된 배기가스는 흡입 행정에서 공기와 함께 연소실로 들어간다. 이산화탄소는 연소실 온도를 낮춰 질소와 산소의 반응을 줄이게 된다. 연소실 온도가 높을수록 질소와 산소가 잘 반응하기 때문이다. 하지만 흡입되는 산소가 줄어들어 연료가 불완전연소를 하므로 엔진의 출력과 연비를 떨어뜨리게 된다. 또 불완전연소로 질소산화물은 줄지만, 매연과 PM의 발생량은 증가한다. 이를 해결하고자 개발된 장치가 디젤 미립자 필터(Diesel Particulate Filter, DPF)다.

DPF는 2000년 프랑스의 푸조사가 최초로 개발한 배기가스 저감 장치다. EGR 장치 후단에 장착해 디젤엔진에서 나오는 PM은 필

배기가스 재순환(EGR) 장치

EGR은 엔진에서 연소하고 나온 배기가스 일부를 엔진에 다시 돌려보내 재사용하면서 질소산화물 발생을 줄여준다.

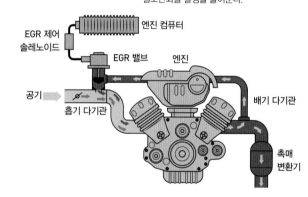

디젤 미립자 필터(DPF)

DPF는 디젤엔진에서 나오는 PM을 필터에서 거르고, 가스만 EGR로 보내거나 밖으로 배출하도록 하며, 시간이 지나 필터에 쌓인 PM은 태워 없앤다.

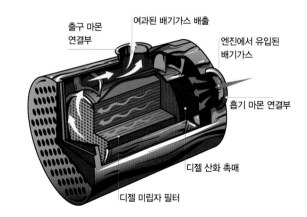

터에서 걸러지고 가스만 EGR 장치로 보내거나 밖으로 배출한다. 시간이 지나 필터에 쌓인 PM은 배기 행정에서 실린더로 보낸 연료와 배기가스에 남은 산소가 연소하면서 태워 없앤다. 하지만 EGR 장치와 DPF는 노후화되면 안정성이 떨어져 매연을 오히려 더 많이 만들어낸다. 점차 강화되는 유로 규제가 유로 6까지 이어지면서 EGR 장치와 DPF로는 질소산화물과 매연 및 PM 저감 기준을 맞추기 어려워졌다.

이를 대신하기 위해 등장한 것이 선택적 촉매 환원(Selective Catalytic Reduction, SCR) 장치다. 사실 SCR 장치는 1978년 일본 이시카와지마 하리마 중공업에서 최초로 개발했고, 2006년 독일의 메르세데스-벤츠사가 자동차에 처음 적용했다. SCR 장치는 연료의 연소 온도를 높이도록 해 매연과 PM을 줄이고, 배기가스에 환원제인 요소수를 뿌려 질소산화물만 선택적으로 질소(N_2)와 수증기(H_2O)로 바꿔준다. 내연기관 행정에 직접 관여하는 과정이 없어 출력이나 연비를 떨어뜨리지 않는다. 다만 별도의 요소수 보관 탱크와 분사 장치가 설치된다. 유로 6 이후 출시된 디젤엔진 차량에는 SCR 장치가 거의 장착되어 있다.

선택적 촉매 환원(SCR) 장치의 원리

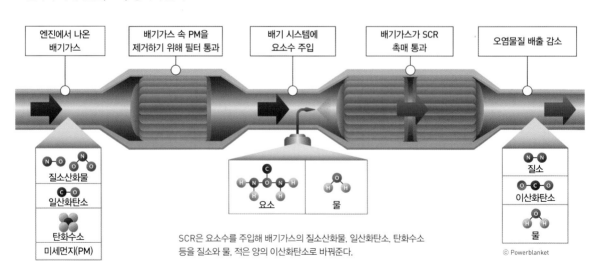

엔진에서 나온 배기가스

배기가스 속 PM을 제거하기 위해 필터 통과

배기 시스템에 요소수 주입

배기가스가 SCR 촉매 통과

오염물질 배출 감소

질소산화물
일산화탄소
탄화수소
미세먼지(PM)

요소
물

질소
이산화탄소
물

SCR은 요소수를 주입해 배기가스의 질소산화물, 일산화탄소, 탄화수소 등을 질소와 물, 적은 양의 이산화탄소로 바꿔준다.

© Powerblanket

요소수는 만들기 쉬운데 요소가 없는 상황

차량용 SCR 장치에 사용되는 요소수는 요소 32.5%, 정제수 67.5% 비율로 혼합해 만든다. 요소수가 고온의 배기가스에 분사되면 요소(CH_4N_2O)는 암모니아(NH_3)와 이소시안산($HNCO$)으로 분해되고, 정제수는 열에 의해 수증기(H_2O)가 된다. 이소시안산($HNCO$)은 수증기(H_2O)와 반응해 다시 암모니아(NH_3)와 이산화탄소(CO_2)가 된다. 이 과정에서 요소 한 분자당 두 개의 암모니아와 한 개의 이산화탄소가 만들어지는 것이다. 암모니아(NH_3)는 일산화질소(NO), 이산화질소(NO_2)와 반응해 질소와 물이 되면서 질소산화물을 감소시킨다. 질소비료의 주원료로 인류의 식량 문제를 해결했던 요소가 질소산화물 배출 저감에도 활약하고 있는 셈이다.

암모니아를 만드는 '하버-보슈법'과 요소를 합성하는 '보슈-마이저 공정'은 일찍이 특허가 만료되고 공개돼 있어 비교적 쉬운 기술로 평가된다. 하지만 고온·고압 공정이 필요해 에너지가 많이 들고 오염물질을 배출하는 저부가가치 산업으로 중국, 러시아 등 일부 국가에서만 생산하고 있다. 우리나라에서 요소를 생산하는 곳은 없다. 1960년대부터 많은 기업이 비료생산을 위해 요소를 만들어왔지만, 값싼 중국산 요소에 밀려 경제성이 떨어지면서 사업을 접었다.

암모니아를 합성하려면 수소가 필요하다. 수소는 지구상에 넘쳐난다. 하지만 물처럼 다른 원소와 결합한 화합물 형태로 존재하기 때문에 만들어 써야 한다. 석탄, 천연가스, 석유 등에서 뽑아 쓸 수 있다. 물을 전기분해하는 방식은 에너지가 너무 많이 들어 아직 상용화에 적합하지 않다. 중국은 석탄에서 수소

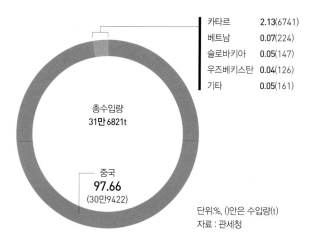

**2021년 1~9월
우리나라 산업용 요소 수입 현황**

카타르	2.13(6741)
베트남	0.07(224)
슬로바키아	0.05(147)
우즈베키스탄	0.04(126)
기타	0.05(161)

총수입량
31만 6821t

중국
97.66
(30만9422)

단위:%, ()안은 수입량(t)
자료 : 관세청

를 뽑아 암모니아를 합성하고 요소를 만들어 가격이 싸다. 우리나라에서는 석유에서 나오는 나프타를 열분해하고 정제할 때 발생하는 수소를 사용해 중국산보다 비쌀 수밖에 없었다. 2011년까지 버티던 삼성정밀화학마저 사업을 포기하면서 국내 생산은 모두 사라졌다. 지금은 요소를 전량 수입해 비료를 생산하거나 요소수를 제조하고 있다. 요소를 자체 생산하는 것보다 사다 쓰는 편이 비용이 훨씬 덜 들어가기 때문이다. 문제는 전체 수입량 중 중국산 요소가 97% 이상을 차지하고 있다는 점이다.

단지 요소만 문제가 아니다

2020년 우리나라는 약 84만 톤의 요소를 수입했다. 농업용 약 47만 톤, 산업용 약 29만 톤, 차량용에는 약 8만 톤이 쓰였다. 중국에서 수입한 요소는 약 55만 톤으로 이 중 산업용과 차량용에 쓰이는 공업용 수입량만 33만 톤 정도다. 차량용 8만 톤은 전량 중국산이다. 2021년 9월 현재 전체 공업용 요소 수입량은 약 31만 톤으로 중국에서 들어온 양만 30만 톤이 넘는다. 요소 수입의 의존도가 점차 늘고 있다는 뜻이다.

요소만이 문제가 아니다. 한국무역협회에 따르면 2021년 9월 기준으로 주요 수입품목 1만 2586개 중 특정 국가에서 80% 이상 수입하는 품목이 3941개로 조사됐다. 즉 중국산 품목 1850개, 미국산 품목 503개, 일본산 품목 438개 순으로 나타났다.

중국에서는 특히 제조업 생산에 필요한 원자재를 수입해오고 있다. 마그네슘 잉곳은 100% 중국에서 들어온다. 알루미늄 합금을 만드는 데 필수적인 원료로 자동차 차체, 차량용 시트 프레임, 항공기 등 부품 경량화에 쓰인다. 요소와 마찬가지로 최근 전력난을 겪고 있는 중국 정부가 생산을 통제해 공급 부족이 발생했다. 광촉매, 빛-발광 등의 특성이 있어 주로 의료기기나 반도체를 제조할 때 활용되는 산화텅스텐은 94.7%를 수입한다. 네오디뮴 영구자석은 전자제품의 소형화·경량화에 필요한 원료로 수입 비중은 86.2%다. 이차전지의 핵심소재인 수산화리튬은 83.5%를 수입해오고 있다. 겨울철 제설작업에 쓰이는 염화칼슘은 99.5%를 수입산에 의존하고 있다.

미국에서는 에너지 원자재 수입 의존도가 높다. 운송, 난방, 발전 등에 사용되는 LPG 연료는 93% 이상, 프로판 93.4%, 부탄 93.3%로 나타났다.

2019년 수출 규제로 마찰을 빚었던 일본의 경우 반도체 제조 핵심 품목에 대한 수입 의존도가 여전히 높다. 수출 규제 3대 품목인 포토레지스트, 플루오린 폴리이미드, 불화수소 등의 수입 의존도는 다소 하락세를 보이지만, 여전히 전체 비중은 크다. 포토레지스트는 81.2%, 플루오린 폴리이미드는 93.1%가 각각 일본산이다. 불화수소만 수출 규제 전인 2018년 32.2%에서 2020년 12.9%, 2021년 13.2%를 기록해 일본 수입 의존도에서 벗어나고 있다.

수입 의존도가 특히 높은 '경제안보 핵심품목' 지정

인류 최초로 인공적으로 합성한 유기물인 요소를 둘러싼 다양한 시대적 맥락은 매우 복잡하면서 아이러니하다. 좋은 것이 있으면 나쁜 것이 있다. 요소는 질소비료의 원료가 되어 식량 위기에서 인류를 구했고, 차량에서 배출되는 질소산화물 감소에 도움을 주고 있다. 반면 질소비료의 과다 사용은 온실가스인 아산화질소를 대기 중에 내뇌 기후변화를 부추긴다. 암모니아와 요소를 생산하기 위해 드는 원료와 전력에는 여전히 많은 석탄이 사용된다.

마찬가지로 모든 것에는 반대급부가 있다. 2019년 일본의 반도체 3대 품목 수출 제한 조치는 오히려 우리나라에 소부장(소재 · 부품 · 장비) 국산화 산업을 성장시키는 계기가 됐다. 2021년 중국의 국내 사정에 의한 요소 수출 규제는 우리나라를 혼란에 빠뜨렸다. 자원이 부족한 우리나라의 실정상 주요 원자재들에 관한 높은 수입 의존도에 대해 경

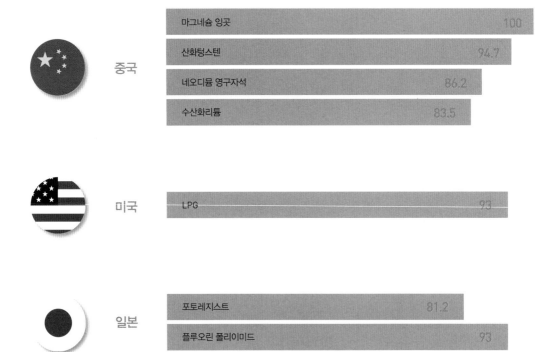

특정국가 수입의존도 80%이상 품목

중국
마그네슘 잉곳 — 100
산화텅스텐 — 94.7
네오디뮴 영구자석 — 86.2
수산화리튬 — 83.5

미국
LPG — 93

일본
포토레지스트 — 81.2
플루오린 폴리이미드 — 93

각심을 준 사건이다. 물론 단시간에 이를 벗어나기는 어렵다. 요소와 같이 생산은 어렵지 않지만, 가격경쟁력이 없어 기업들이 포기한 사업에 대해 산업계에 재개를 요구할 수 없고, 정부 차원에서 비축량을 항상 쌓아둘 수도 없다. 석탄 사용으로 탄소중립을 역행하기도 쉽지 않다.

당장은 그동안의 수입 관행을 되돌아보는 것이 필요하다. 이번 일을 계기로 정부는 특정 국가에 수입 의존도가 50% 이상 높은 4000여 개 품목을 대상으로 조기 경보시스템을 가동하겠다고 밝혔다. 마그네슘, 텅스텐처럼 수입 의존도가 특히 높은 200개 품목을 경제안보 핵심 품목으로 지정할 예정이다. 이 품목들은 해외 공관과 무역관, 산업통상자원부, 업종별 협회, 무역상사 등이 함께 관찰하고 분석하면서 발 빠르게 대처한다는 계획이다. 수입처도 더 많은 국가를 대상으로 넓혀갈 계획이다. 요소수 완제품 수입과 유통 검사도 한층 빠르게 진행할 전망이다. 그동안 검사를 수행해왔던 국립환경과학원 교통환경연구소와 한국석유관리원에 이어 한국화학연구원도 시험기관으로 지정됐다.

장기적으로는 디젤엔진 차량의 점층적인 퇴출이 필요하다. 이번 요소수 사태를 통해 전기차나 수소차 등 친환경 차량에 대한 중요성이 높아졌다. 현대, 폭스바겐, 벤츠 등 국내외 자동차 제조사들은 이미 디젤엔진 퇴출을 선언한 바 있다. 원료를 대체할 신기술 개발도 필요하다. 최근 울산과학기술원 연구진이 저온·저압 조건에서 쇠구슬을 굴려 암모니아를 합성할 수 있는 기술을 개발한 것을 비롯해 다양한 암모니아 합성법이 개발되고 있어 기존의 '하버−보슈법'을 대체할 것으로 기대되고 있다. 암모니아는 수소를 저장하고 운반하는 데 유용해 관련 기술들이 개발되면서 수소 사회를 준비하고 있다.

이제 우리나라도 선진국 반열에 올랐다. 미리 준비해 우환을 없애는 유비무환(有備無患)과 낡은 것을 버리고 새로운 것을 취하는 토고납신(吐故納新)의 지혜를 얻기 위해 머리를 맞대야 할 시점이다.

IPCC 6차 보고서

+5°C

+4°C

+3°C

+2°C

+1°C

+0°C

1950

신방실

연세대에서 수학과 대기과학을 전공하고, 동아사이언스 《과학동아》에서
기자로 활동했다. 지금은 KBS에서 기상전문기자로 일하며 매일매일의 날
씨와 기상이변, 기후변화의 현장을 취재하고 있다. 지은 책으로는 『세상 모
든 것이 과학이야!』, 『불 때문에 난리 물 때문에 법석 기후위기』, 『생각이 크
는 인문학 19 기후위기』, 『나만 잘 살면 왜 안 돼요?』 등이 있다.

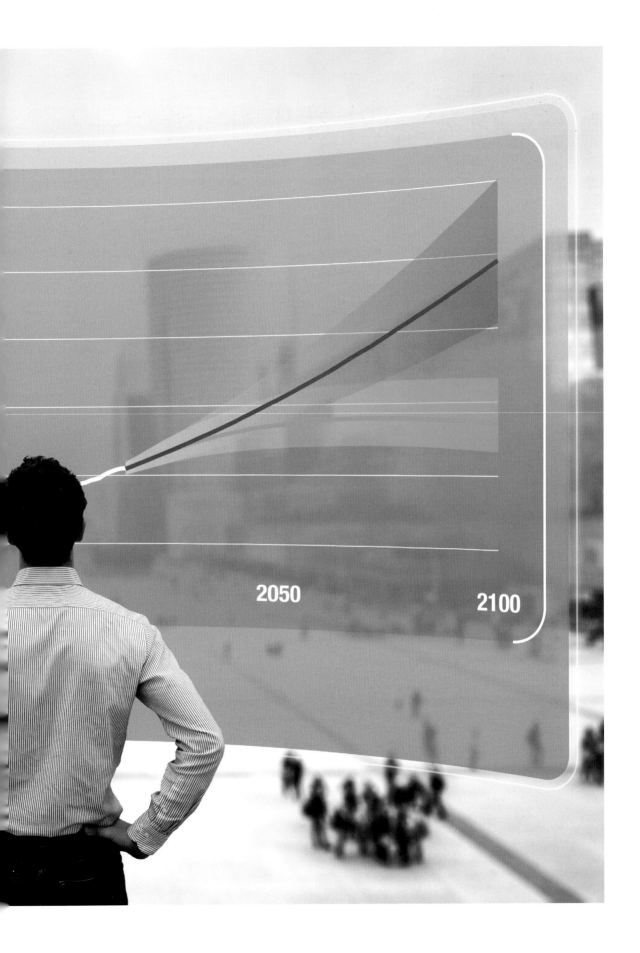

2050

2100

올해가 가장 시원한 여름?

해마다 기록적인 폭염과 산불, 태풍 등 기상재해가 잦아지면서 기후변화를 이대로 방치하면 머지않아 파국이 찾아올 거라는 긴장감이 커지고 있다. 무엇보다 우려스러운 부분은 날씨의 변동 폭이 극에 달하고 있어 앞날을 내다보기가 더욱 어려워지고 있다는 점이다.

우리나라의 경우 2018년 여름에는 30일이 넘는 최장 폭염이 찾아왔다. 폭염은 일 최고기온이 33℃를 넘는 날을 의미한다. 이듬해인 2019년 여름에도 극한 더위가 찾아오지 않을까 촉각을 곤두세웠지만 그해에는 폭염 대신 태풍 7개가 한반도로 북상했다. 1959년 이후 60년 만에 가장 많은 기록이었다. 2020년에는 중부지방에서 장마가 54일간 계속돼 큰 피해가 발생했다. 끝없이 쏟아지는 비에 그해 여름은 사실상 폭염이 실종됐다.

기후변화로 여름이 더워지고 강력한 태풍이 잦아질 거라는 점은 예측 가능하지만 다가오는 여름에 폭염이 심할지, 태풍이나 장마가 심할지는 현대 과학기술로도 내다보기 힘들다. 말 그대로 '미친 변동성' 때문이다. 모든 종류의 재난에 완벽하게 대비하는 것이 정답이겠지만 현실은 그렇지 못해 피해가 반복되고 있다.

세계기상기구(WMO)는 2015년을 기점으로 비정상적인 날씨가 일상이 되는 '뉴노멀(New Normal)'을 선포했다. 당시만 해도 고개를 갸웃거리는 사람이 많았지만 5년 넘게 지난 지금은 그 말이 현실이 됐다. 그렇다면 기후의 현주소는 어디이고, 앞으로 어떤 변화가 닥치게 될까?

기후변화 과학적 근거 담은 IPCC 보고서

이러한 질문에 답을 주는 보고서가 나왔다. 이제는 우리에게 익숙한 '기후변화에 관한 정부간 협의체(Intergovernmental Panel on Climate Change, IPCC)'가 2021년 8월에 제6차 평가보고서(AR6) 제1실무그룹 보고서를 승인한 것이다. IPCC는 기후변화를 과학적으로 규명하기 위해 1988년 세계기상기구(WMO)와 유엔환경계획(UNEP)이 공동으로 설립한 국제 협의체다.

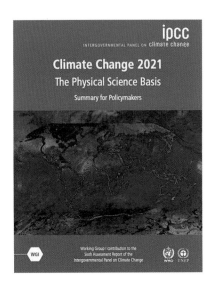

IPCC 제6차
평가보고서(AR6)의
제1실무그룹보고서의 표지.
© IPCC

제1실무그룹 보고서는 기후변화에 대한 과학적 근거를 담고 있는데, 최종적으로 나올 종합 보고서에 대한 '예고편'으로 보면 된다. 이후 기후변화에 대한 적응과 영향, 취약성을 분석한 제2실무그룹 보고서, 기후변화 완화와 탄소 감축 등을 다룬 제3실무그룹 보고서가 차례로 나오게 된다. 모든 내용을 망라한 6차 종합 보고서는 2022년 9월 세상에 발표될 예정이다.

IPCC는 2021년 7월 26일부터 8월 6일까지 제54차 총회를 개최했다. 코로나19 시국이어서 전 세계 과학자들이 화상회의를 통해 의견을 교환했고 이 자리에서 제1실무그룹 보고서가 승인됐다. 현재 수준으로 온실가스를 배출하면 '2021~2040년' 사이에 지구의 평균기온이 산

AR6 경과 및 계획

© 기상청

업화 이전과 비교해 1.5℃ 넘게 오를 가능성이 높다는 내용이 주축을 이루고 있었다. '1.5℃ 온난화'는 인류의 파국을 의미하며 이를 막기 위해 2015년 전 세계 정부가 파리협정을 채택했다.

하지만 이번 보고서에서 언급했듯 그 시점이 지금 우리가 살아가는 동안에 찾아올 확률이 매우 높아졌다. 파리협정 이후 2018년에 발표된 '지구온난화 1.5℃ 특별 보고서'만 해도 1.5℃ 기온 상승 시점을 '2030~2052년'으로 내다봤다. 그러나 3년 만에 인류의 '데드라인'이 10년가량 앞당겨졌다.

IPCC 보고서가 세상에 나올 때마다 그 안에 담긴 지구의 미래는 점점 더 끔찍한 모습으로 변해가고 있다. 우리는 이미 극한 기후 시대에 접어들었는지도 모른다. 온실가스 농도가 높아지면서 매년 지구의 평균 기온이 기록을 갈아치우고 있고 '올해가 가장 시원한 여름이 될 것'이라는 전망도 나온다. 생태계에서도 멸종의 속도가 빨라지고 있다. 이제 시간이 많이 남지 않았다. 마음이 급해지지만, 이번 보고서에 실려 있는 기후변화에 대한 과학적인 전망을 좀 더 자세히 살펴보자.

뜨거워지는 지구, '인간'의 영향 명백

이번 보고서에서 가장 주목할 부분은 '인간의 영향'을 명백하게 밝히고 있다는 점이다. 보고서의 시작부터 "대기와 해양, 토양의 온난화는 인간의 영향이 명백하다"고 강조하고 있다. '온난화는 명백한 사실'이라고 했던 2013년 제5차 보고서에서 한 걸음 더 나아가 온난화의 책임 소재가 우리 '인간'임을 명백히 한 것이다.

이번 보고서에 따르면 산업화 이전(1850~1900년)과 비교해 2011~2020년 전 지구 지표면 온도는 1.09℃ 상승했다. 2013년 제5차 보고서에서 기온 상승 폭은 0.78℃였다. 8년 만에 지구의 기온이 0.31℃ 더 올라간 셈이다. 2015년 파리협정에서 인류 생존을 위한 마지노선으로 약속한 1.5℃까지 이제 0.41℃밖에 남지 않았다.

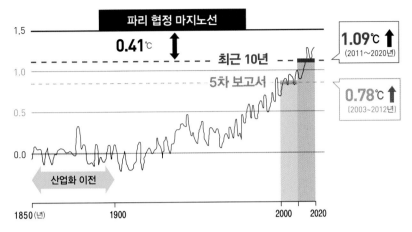

지구 평균 기온 변화

2011~2020년 전 지구 지표면 온도는 산업화 이전(1850~1900년)에 비해 1.09℃ 상승했다. 이제 0.41℃만 더 올라가면 파리협정 마지노선에 도달한다. ⓒ IPCC

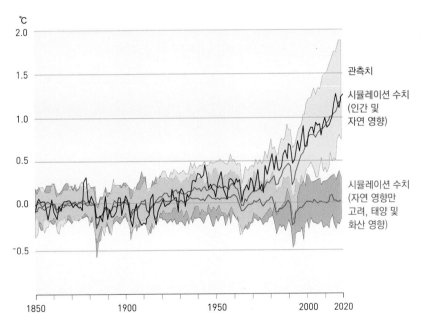

과거 170년 동안 전 지구 지표면 온도의 변화 추이

검은 실선은 산업화 이전(1850~1900년)부터 현재까지 실제 관측된 연평균 지표 온도를 보여준다. 갈색 실선은 '인위적 요인(인간)'과 '자연적 요인'을 합쳤을 때 연평균 지표 온도 변화 추이를 시뮬레이션한 값이며, 녹색 실선은 태양, 화산 등 '자연적 요인'만 있었을 경우를 가정해 연평균 지표 온도 변화 추이를 시뮬레이션한 값이다. 실제 관측값은 시뮬레이션 값보다도 더 올라갔음을 확인할 수 있다. ⓒ IPCC

이대로라면 지구의 기온이 산업화 이전과 비교해 1.5℃ 높아지는 시점은 2021년부터 2040년 사이, 그러니까 20년 안에 찾아올 것으로 예측됐다. 지구의 온도 상승은 대기 중에 누적돼 있는 이산화탄소의 양에 비례하기 때문에 2040년 이전이라도 언제든지 '1.5℃ 온난화'에 도달할 가능성이 높다.

뜨거운 육지 못지않게 바다도 심상치 않다. 전 지구의 평균 해수면 높이는 1901~2018년 사이에 0.2m(20cm)나 상승했다. 해수면이 올라가는 속도는 1901~1971년에는 매년 1.3mm였지만 2006~2018년에는 3.7mm로 2.85배 빨라졌다.

해수면 상승의 단위가 mm여서 작게 느껴질 수도 있다. 그러나 아주 오랜 시간 동안 지속적으로 해수면이 높아지고 있기 때문에 간과할 수 없다. 해수면이 높아지면 해안가나 섬 지역은 침수와 해일 피해가 커지고 잦은 태풍에 시달리며 사람이 살 수 없는 불모지로 변하게 될 확률이 높다. 미국의 뉴욕이나 마이애미, 우리나라의 부산 같은 도시는 모두 해안가에 있으며 많은 사람이 거주하고 있어 더 큰 피해가 우려된다.

진격의 이산화탄소, '마의 벽' 넘어선 뒤 파죽지세

지구의 온도를 이렇게 끌어올린 주범은 바로 인간이 배출한 온실가스다. 이산화탄소와 메탄, 수증기 같은 온실가스는 지구에서 내보내는 열을 다시 흡수해 지구의 기온을 상승시킨다. 온실가스가 존재하지 않았다면 지구는 냉동실처럼 차갑고 생명이 살아갈 수 없는 행성이 됐겠지만, 온실가스라는 '이불' 덕분에 인류는 지금 같은 삶을 누리고 있다.

온실가스라는 말이 처음 등장한 것은 1896년이었다. 스웨덴의 화학자인 스반테 아레니우스는 이산화탄소가 지구의 기온을 높일 수 있는 '온실가스'라는 논문을 발표했다. 당시 아레니우스는 온실효과가 실제로 일어나려면 1000년이 넘는 오랜 시간이 걸릴 거라고 생각했다. 또 온난화가 나타나더라도 식량 생산이 늘고 인류에게 축복이 될 것이라고 믿었다. 엄혹한 소빙하기를 겪은 직후라 사회적으로 따뜻한 기후를 바라는 분위기였기 때문이다.

우리는 '온실효과', '온난화'라는 단어에서 부정적인 느낌을 받지만, 과거에는 포근함과 풍요로움을 떠올렸을지 모른다. 아레니우스의 시대에는 증기기관을 이용한 화력 발전소와 휘발유 자동차가 세상에 막 등장했다. 그러나 장밋빛 미래를 가져다줄 것으로 보였던 산업혁명의 그림자는 부메랑이 되어 다시 우리에게 돌아왔다. 아무리 저명한 과학자라도 이산화탄소의 배출량이 이렇게 급격하게 늘어날 줄은 상상하지 못한 것이다.

IPCC 5차 제1실무그룹 보고서가 발간된 2013년만 해도 전 지구 이산화탄소 농도가 391ppm이었지만, 이번 6차 보고서에서는 410ppm으로 증가했다는 내용이 담겼다. 2019년에 측정된 가장 최신의 자료다. 2015년 처음으로 '마의 벽'이라고 불리던 400ppm을 넘어선 데 이어 4년 만에 410ppm 선을 돌파한 것이다. 이 같은 농도는 과거 200만 년 동안 전례 없는 일이라고 IPCC는 강조했다.

실제로 빙하나 해저 퇴적물 등 과거 단서를 기반으로 80만 년 전까지 기후를 복원한 결과를 보면 대기 중 이산화탄소 농도는 늘었다 줄었다 했다는 것을 알 수 있다. 이산화탄소의 증감에 따라 따뜻한 간빙기와 추운 빙기가 반복됐다. 빙기의 이산화탄소 농도는 200ppm 아래로 떨어졌고 간빙기에는 200ppm 이상 올라갔다. 지구의 자전축이나 공전 궤도 변화 같은 자연적인 주기에 따라 지구의 기후가 변해온 것이다. 산업화 이전 최고 농도는 32만 년 전의 300ppm이었다.

IPCC AR6와 AR5 제1실무그룹 보고서의 주요 기후변화 요소 비교

비교요소		AR6 제1실무그룹 보고서(2021년 발간)	AR5 제1실무그룹 보고서(2013년 발간)
온실가스 농도	이산화탄소(CO_2)	410ppm	391ppm
	메탄(CH_4)	1866ppb	1803ppb
	아산화질소(N_2O)	332ppb	324ppb
이산화탄소 농도 사례		최근 200만 년간 전례 없음	최근 80만 년간 전례 없음
전 지구 평균 지표면 기온 (산업화 이전 대비)		1.09℃ 상승 (2011~2020년)	0.78℃ 상승 (2003~2012년)

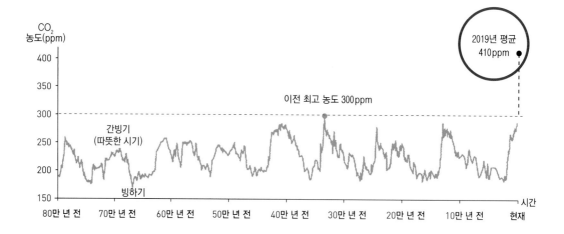

CO₂ 농도(ppm)

2019년 평균
410ppm

이전 최고 농도 300ppm

간빙기
(따뜻한 시기)

빙하기

시간

80만 년 전 70만 년 전 60만 년 전 50만 년 전 40만 년 전 30만 년 전 20만 년 전 10만 년 전 현재

**지난 80만 년간
이산화탄소 농도 변화**

지구는 지난 80만 년 동안
빙하기와 간빙기(따뜻한
시기)를 여러 차례
거쳐왔으며, 이에 따라 대기의
이산화탄소(CO_2) 농도가
변해왔다. CO_2 농도는 이전에
최고 300ppm이었는데,
2019년에 410ppm을
기록했다. ⓒ NOAA

IPCC는 이번 6차 보고서에서 예측의 범위를 더욱 먼 과거로 확장했다. 컴퓨터 시뮬레이션을 통해 과거 200만 년 전까지 거슬러 올라간 건데, 410ppm이라는 이산화탄소 농도는 인류 역사상 처음 있는 일이란 결론이 나왔다. 이산화탄소 농도를 이렇게 폭증시킨 주범은 인간이다.

지구의 기후에 인간이라는 강력한 변수가 등장하면서 기후변화의 정상적인 주기도 깨져버렸다. 온실가스 농도가 상승하면서 산업화 이후 지구의 기온은 끝없이 오르고 있다. 육지의 강수량은 지속적으로 증가하고 폭우의 빈도 역시 늘고 있다. 지구의 평균 온도가 1℃ 높아질 때마다 극한 강수의 빈도는 7% 증가하는 것으로 이번 보고서는 분석했다.

폭우뿐만 아니라 폭염과 가뭄, 홍수 같은 극한 기상 현상도 잦아지고 있다. 태풍의 경우 적도에서뿐만 아니라 중위도에서도 강한 세력을 유지하는 비율이 늘고 있는 것으로 나타났다. '초강력' 등급의 슈퍼 태풍이 한반도까지 내습하는 일이 잦아지고 있다는 뜻이다.

산업화 이후 석탄이나 석유 같은 화석연료의 사용이 늘면서 자연적인 배출량의 100배나 되는 엄청난 이산화탄소가 대기 중으로 뿜어져 나왔다. 인류의 욕망이 커질수록 인위적인 온실가스의 배출은 늘었다. 과거 화산 활동 등으로 배출된 이산화탄소는 생명체를 태동시킨 고마운 이불이었다. 지구에서 밤과 낮의 온도 차이가 달이나 화성처럼 크게 벌어지지 않은 것은 바로 지구를 덮고 있는 대기와 그로 인한 온실효과 덕분이었다.

그러나 지구의 이불은 지나치게 두꺼워지고 말았다. 과거 생명 탄생을 도왔던 이불이 지금은 대규모 멸종을 불러오게 될 '시한폭탄'이 된 것이다. 그렇다면 앞으로 다가올 미래는 어떤 모습일까? 기후재앙으로 가득한 암울한 모습일까?

기후의 미래 결정할 '현재'라는 변수

시시각각 변화하는 날씨를 내다볼 수 있는 것은 대기의 상태를 알게 해주는 수치예보 모델 덕분이다. 복잡한 숫자와 방정식으로 이뤄진 모델에 수많은 관측 자료를 대입한 뒤 슈퍼컴퓨터로 빠르게 계산한다.

기후 역시 수많은 변수로 구성된 기후 예측 모델을 활용한다. 전 지구의 대륙과 해양을 바둑판처럼 격자 모양으로 나눠 수많은 계산을 반복한다. 대기와 해양의 순환과 상호 작용을 비롯해 이산화탄소 같은 온실가스의 농도, 구름, 빙하, 눈, 식생, 엘니뇨, 라니냐처럼 고려해야 할 변수가 수없이 많다.

기후 예측은 날씨 예보처럼 딱 떨어진 수치를 알려주는 게 아니다. 앞으로 기온이나 강수량 등이 과거 평균과 비교해 어떻게 변화할지 그 경향성을 보여준다. 날씨 예보에서도 예측 시점이 2주를 넘어서면 불확실성이 커지고 예보의 정확도가 떨어진다. 흔히 얘기하는 '나비 효과' 때문인데 10년 뒤, 100년 뒤는 말할 것도 없다. 따라서 수십 년 뒤를 내다보는 기후 예측은 대기와 상호 작용하는 해양과 빙하, 지면의 상태 등을 고려한 평균적인 상태를 보여준다. 평균적인 경향성이라도 미래의 기후가 어떻게 변할지 미리 알게 되면 우리는 대비할 시간을 벌 수 있다.

단 기후 예측의 핵심은 '현재'라는 변수에 있다. IPCC 보고서에는 '기후변화 시나리오'라는 표현이 등장한다. 온실가스를 현재처럼 배출하느냐, 아니면 감축하느냐에 따라 미래는 크게 달라지기 때문이다.

온난화의 흐름 멈출 수도 있다?

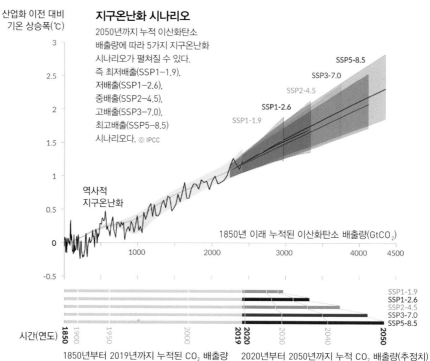

지구온난화 시나리오

2050년까지 누적 이산화탄소 배출량에 따라 5가지 지구온난화 시나리오가 펼쳐질 수 있다. 즉 최저배출(SSP1-1.9), 저배출(SSP1-2.6), 중배출(SSP2-4.5), 고배출(SSP3-7.0), 최고배출(SSP5-8.5) 시나리오다. ⓒ IPCC

IPCC는 온실가스를 가장 많이 배출하는 시나리오와 현재 수준의 배출량을 유지하는 시나리오, 온실가스를 적게 배출하는 시나리오, 온실가스를 가장 적게 배출하는 시나리오 총 4가지 시나리오를 사용한다. 그런데 모든 시나리오에서 21세기 중반까지는 지구의 온도가 계속 상승할 거란 결과가 나왔다. 대기 중에 한번 배출되면 최대 300년이나 체류하는 이산화탄소의 특성상 당장 배출을 멈춰도 기온 상승은 당분간 계속된다는 뜻이다.

그러나 300년 전 조상들을 탓하며 체념하기에는 아직 이르다. 시나리오에 따라 미래가 바뀔 가능성도 존재하기 때문이다. 온도 상승의 마지노선으로 잡은 '1.5℃ 온난화'의 경우 온실가스를 가장 많이 배출하는 시나리오에선 2021~2040년에 도달할 가능성이 90~100%로 매우 높았다. 지금처럼 온실가스를 배출하면 그 확률은 66~100%로 다소 줄었고 적게 배출하는 나머지 두 시나리오에서는 50~100%로 줄었다.

온실가스를 매우 적게 배출해도 이미 배출된 양이 어마어마하기 때문에 당장은 극적인 효과가 나타나지 않을 것으로 보인다. 하지만 시간을 길게 내다보면 가장 적게 배출하는 시나리오의 경우 21세기 말 온도 상승 폭이 다시 1.5℃ 이하로 떨어질 가능성이 높은 것으로 분석됐다. 새로 추가되는 배출량을 꾸준히 줄여나가다 보면 어느 순간 파죽지세였던 온난화의 흐름을 멈출 수 있다는 것을 보여준다.

AR6 제1실무그룹 보고서의 온실가스 배출 시나리오

종류	의미
SSP1−2.6 (SSP1−1.9 포함)	재생에너지 기술 발달로 화석연료 사용이 최소화되고 친환경적으로 지속 가능한 경제성장을 이룰 것으로 가정하는 경우
SSP2−4.5	기후변화 완화 및 사회경제 발전 정도가 중간 단계를 가정하는 경우
SSP3−7.0	기후변화 완화 정책에 소극적이며 기술개발이 늦어 기후변화에 취약한 사회구조를 가정하는 경우
SSP5−8.5	산업기술의 빠른 발전에 중심을 두어 화석연료 사용이 높고 도시 위주의 무분별한 개발이 확대될 것으로 가정하는 경우

그러나 말처럼 쉬운 일은 아니다. 전 세계가 한마음으로 온실가스를 줄이자고 약속해도 어느 나라가 얼마나 줄일지, 어떻게 줄일 것인지를 놓고 구체적인 합의가 이뤄지지 않고 있다. 그 사이에도 시간은 흐르고 이산화탄소 농도는 계속 높아지고 있다.

고작 1℃에? 극한 폭염 4.8배 늘었다

인간의 영향이 없었던 1850~1900년과 비교해 지금은 벌써 1.09℃가 올랐다. 고작 1℃에 왜 이렇게 호들갑이냐고 할지도 모른다. 하지만 우리가 겪고 있는 현실을 보면 1℃의 위력을 실감할 수 있다. 50년에 한 번 찾아올까 말까 했던 극한 폭염의 빈도는 산업화 이전과 비교

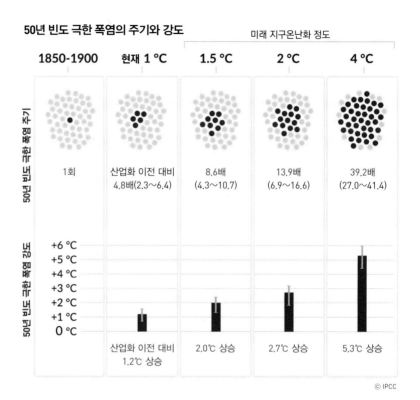

50년 빈도 극한 폭염의 주기와 강도

미래 지구온난화 정도

| | 1850-1900 | 현재 1 ℃ | 1.5 ℃ | 2 ℃ | 4 ℃ |

50년 빈도 극한 폭염 주기

1회 / 산업화 이전 대비 4.8배(2.3~6.4) / 8.6배 (4.3~10.7) / 13.9배 (6.9~16.6) / 39.2배 (27.0~41.4)

50년 빈도 극한 폭염 강도

+6 ℃ +5 ℃ +4 ℃ +3 ℃ +2 ℃ +1 ℃ 0 ℃

산업화 이전 대비 1.2℃ 상승 / 2.0℃ 상승 / 2.7℃ 상승 / 5.3℃ 상승

© IPCC

해 현재 4.8배 증가했다. 산업화 대비 1.5℃가 상승하게 되면 극한 폭염이 8.6배 증가하고 2℃ 온난화의 경우 13.9배, 4℃ 온난화는 39.2배 늘어난다.

극한 고온의 빈도뿐만 아니라 강도 역시 지구의 온도 상승과 함께 올라가는 것으로 나타났다. 우리나라에서 여름철 최고기온은 2018년 8월 1일 강원도 홍천에서 기록된 41℃였다. 서울은 같은 날 39.6℃를 기록했다. 그런데 앞으로는 최고기온이 2℃에서 5℃ 이상 더 높아지고 머지않아 45℃를 내다봐야 할지 모른다. 동남아나 인도처럼 변한 서울에서 우리는 어떤 여름을 보내게 될까.

폭염뿐만 아니다. 10년에 한 번 찾아올 만한 폭우와 가뭄도 산업화 이전과 비교해 현재는 각각 1.3배, 1.7배로 늘었다. 국제사회가 온도 상승의 '상한선'으로 정한 1.5℃의 미래도 결코 장밋빛은 아니다. 폭우는 1.5배, 가뭄은 2배로 증가하기 때문이다. 파리협정 당시 상한선인

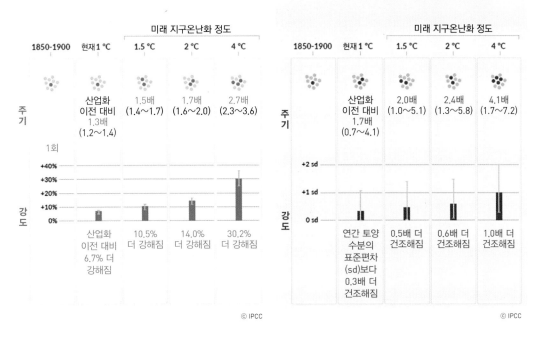

2℃ 온난화의 경우 폭우는 산업화 이전보다 1.7배, 가뭄은 2.4배 늘어날 전망이다.

폭염과 폭우, 가뭄은 동시다발적으로 찾아오는 게 아니라 지역에 따른 편차가 크게 나타날 것으로 보인다. 즉 아메리카는 폭염, 아프리카는 폭염과 가뭄, 아시아는 폭염과 폭우, 가뭄이 모두 심각해질 것으로 예측됐다.

북극은 다른 지역들보다 온난화의 속도가 2배 빠르게 진행되고 있어 더욱 우려스럽다. 온실가스 배출과 상관없이 모든 시나리오에서 북극의 바다 얼음은 2050년 이전에 최소한 한 번은 모두 녹아서 사라질 가능성이 높다고 보고서는 내다봤다.

북극의 온난화는 북반구 기후에 큰 영향을 미친다. 한반도의 경우 2018년 기록적인 장기 폭염, 2019년 태풍 7개 한반도 영향, 2020년 최장 장마라는 극한 기후를 겪었다. 학계의 연구 결과 3년 모두 북극에서 촉발된 대기 정체 등의 영향이 있었던 것으로 추정된다. 북극의 얼음이 여름철에 다 녹아버리면 그에 따른 기압 배치나 해류의 흐름에 돌이킬 수 없는 거대한 변화를 불러올 수 있다. 문제는 구체적으로 어느 지역에 어떤 현상이 일어날지 예측하기가 쉽지 않다는 점이다.

지금 멈춘다고? 수천 년간 되돌릴 수 없어

IPCC는 과거에 배출됐고 미래에 배출될 온실가스로 인한 수많은 변화는 수백 년, 아니 수천 년이 지나도 되돌릴 수 없다고 강조했다. 온실가스를 흡수하던 숲과 바다도 이제는 포화 상태에 이르렀다는 분석이 나왔다. 특히 물에 녹아 산성을 띠는 이산화탄소 때문에 해양의 산성화도 극에 달해 산호 등 해양생물의 생존을 위협하고 있다.

히말라야처럼 거대한 산지와 남극, 그린란드 등지의 빙하는 앞으로 수십 년에서 수백 년 동안 계속 녹을 것이다. 이 때문에 온실가스를 가장 적게 배출해도 전 지구 해수면 높이는 2100년까지 0.28~0.55m 상승하고 가장 많이 배출하는 시나리오에선 2m나 높아질 전망이다.

사실 이러한 경고는 처음이 아니다. IPCC가 처음 보고서를 발표한 1990년대부터 꾸준히 문제 제기가 이뤄졌다. 1990년 1차 보고서는 기후변화의 과학적인 증거를 공개했고 우리에게 남은 탄소 배출량이 1조 5000억t밖에 되지 않는다고 밝혔다. 그런데 이번 보고서에선 5000억t으로 줄었다. 지난 30년 동안 남은 탄소 배출량의 3분의 2를 다 써버리고 3분의 1밖에 남지 않은 셈이다. 지갑에 남아 있는 돈이 이렇게 줄었는데도, 씀씀이를 줄이지 않으면 어떤 일이 벌어질까?

기후학자들은 지구의 기온 상승 폭이 산업화 이전과 비교해 1.5℃를 넘지 않으려면 어차피 배출할 수 있는 탄소의 총량이 정해져 있다고 말한다. 현재의 배출 상태를 유지한다면 15년 뒤에는 지갑이 텅 비어버릴 것이다. 후손들에게는 제대로 살아볼 기회조차 주지 않고 남은 재산을 탕진한 채 파산 선언을 할 것인가? 우리의 미래가 지금 이 순간에 달려 있다고 해도 과언이 아니다. 스웨덴의 환경 운동가 그레타 툰베리는 그래서 어른들을 향해 '자신들이 존재할 수 있는 권리'를 달라고 외치고 있다.

탄소 중립은 선택이 아닌 필수

사람의 체온은 36.5℃로 일정하게 유지된다. 정상 체온보다 1℃ 넘게 올라가면 미열이 나고 1.5℃ 이상 높아지면 치료를 받아야 한다. 지구도 마찬가지다. 산업화 이후 1℃ 넘게 기온이 올라가면서 빙하가 녹고 해수면이 상승하는 식으로 눈에 보이는 변화가 나타나기 시작했다. 해마다 몸으로 체감할 정도로 기상이변도 심해지고 있다. 2℃ 이상 상승한 미래는 더욱 파국일 것으로 예상돼 가급적 1.5℃ 이내로 기온 상승을 억제하자고 목소리를 높이고 있다. 그러나 파리협정 이후에도 지구의 기온 상승은 멈추지 않고 있다. 화석연료에 기반한 문명에서 저탄소 경제로 사회의 중심축을 바꿔야 하는데, 그 거대한 전환이 말처럼 쉽지 않기 때문이다.

한 가지 다행스러운 점은 미국의 바이든 행정부 집권 등으로 국제사회에서 탄소 중립을 외치는 목소리가 커지고 있다는 데 있다. 우리나라와 중국, 일본 정부도 2050년까지는 총 탄소 배출량을 0으로 줄이는 탄소 중립을 선언했다.

정부의 선언과 발맞추어 기업들도 변하기 시작했다. 탄소 배출이 많은 산업으로 꼽히는 정유 회사나 항공사, 발전소, 자동차 기업들이 환경친화적인 경영을 하겠다고 나서고 있다. 기존의 방식으로는 변화하는 세계에서 살아남을 수 없다는 판단이 크게 작용했다. 탄소 중립은 이제 선택이 아니라 필수가 되어가고 있다. 2030년쯤이면 석유 대신 전기로 달리는 자동차가 '대세'가 되고 풍력이나 태양광 발전소가 대부분의 전기를 생산하게 될지 모른다.

물론 그 과정에서 석탄 발전소 노동자들이나 경유 트럭으로 생계를 유지하는 사람들이 피해를 볼 수 있다. 그러나 산업이 대체되는 과정

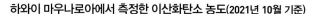
하와이 마우나로아에서 측정한 이산화탄소 농도(2021년 10월 기준)

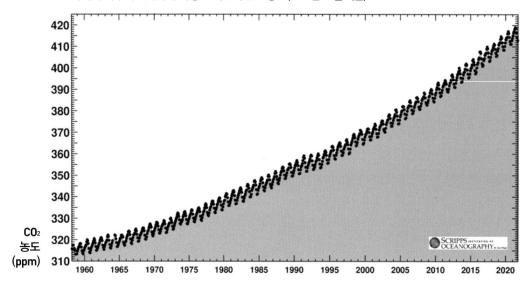

에서 새로운 일자리가 생겨나기 때문에 정부는 생계를 위한 지원과 직업 전환을 위한 교육을 아끼지 말아야 한다. 탄소 중립으로 가는 길에 새로운 불평등이나 취약계층이 생기는 것을 방치해서는 결코 안 된다.

신생대 이산화탄소 420ppm, 해수면 지금보다 24m 높아

미국 하와이 마우나로아에는 이산화탄소 관측소가 있다. 데이비드 킬링 박사는 1958년부터 이곳에서 하루도 빠짐없이 이산화탄소 농도를 측정했다. 관측 초기에는 300ppm을 조금 넘는 수준이었지만 2015년에 400ppm, 2019년에는 410ppm을 넘어섰다. ppm은 100만 분의 1을 표시하는 단위인데, 410ppm은 공기 분자 100만 개 중 410개의 이산화탄소가 포함돼 있다는 뜻이다. 더욱 시간을 거슬러 올라가 산업혁명 이전에는 이산화탄소 농도가 278ppm에 머물러 있었다.

지구의 이산화탄소 농도가 420ppm보다 높았던 시기는 신생대 제3기 플라이오세에 찾아왔던 것으로 분석됐다. 지금으로부터 500만 년 전쯤인데, 당시 해수면 높이는 지금보다 24m 높았고 기온도 산업화 이전보다 7℃ 더 높았다. 현재 이산화탄소 농도가 410ppm에 이르고 기온은 산업화 대비 1℃ 조금 넘게 올랐으니 앞으로 이산화탄소 농도가 더 높아지면 어떤 일이 닥칠지 그려볼 수 있다.

하와이에서 시작된 킬링 박사의 꾸준한 관측 덕분에 전 세계는 기후가 변화하고 있다는 사실을 서서히 지각하게 됐다. 1972년 이탈리아 로마에서 열린 국제회의에서 과학자들은 지구의 기온이 상승하고 있다는 것을 처음으로 인정했다. 1985년 세계기상기구(WMO)는 온난화의 원인이 이산화탄소라고 공식적으로 발표하기에 이르렀다. 하지만 이때까지는 이산화탄소 배출의 책임이 구체적으로 어디에 있는지 알지 못했다.

진화하는 IPCC 보고서, 엄청난 파급력으로 전 세계 움직여

1988년 유엔 산하 국제 협의체로 '기후변화에 관한 정부 간 협의체(IPCC)'가 탄생하면서 획기적인 변화가 일어나기 시작했다. 전 세계 과학자들이 한자리에 모여 기후변화에 대한 과학적인 증거들을 수집하기 시작한 것이다. 1990년 지구의 기후변화를 규명한 1차 보고서가 나왔고 2년 뒤인 1992년 유엔기후변화협약이 채택됐다. 이를 계기로 온실가스의 배출량을 줄여야 한다는 국제사회의 목소리가 높아지기 시작했다. 1995년 2차 보고서가 발표된 이후에는 1997년 온실가스를 감축하기 위한 교토의정서가 채택되는 성과를 낳았다.

이어지는 3차, 4차 보고서로 기후변화의 진실에 한 걸음 더 다가갔다. 이뿐만 아니라 IPCC는 2007년 노벨 평화상을 수상하게 됐다. 공동 수상자는 '불편한 진실'이라는 환경 다큐멘터리로 유명한 미국 앨 고어 전 부통령이었다.

2014년에 나온 5차 종합보고서에는 온난화가 인간의 영향으로 발생했을 확률이 95%라는 분석이 실려 있었다. 이산화탄소가 앞으로 전혀 배출되지 않아도 기후변화가 수백 년 동안 지속될 거라는 암울한 전망도 추가됐는데, 날이 갈수록 과학기술이 발전하면서 IPCC 보고서는 계속 진화하는 모습을 보여줬다. 특히 5차 보고서는 산업화 대비 2℃ 이상 기온이 오르게 되면 인류에게 심각한 위협이 될 거라고 경고했다. 결국 2015년 파리협정이 채택되고 교토의정서 이후 새로운 기후 체계로 전 세계가 함께 나아가게 됐다.

5~8년마다 세상에 공개되는 IPCC 보고서를 보면 어마어마한 파급력과 함께 시간을 거듭할수록 그 메시지가 명확해졌다는 점을 알 수 있다. 2001년에 나온 IPCC 3차 보고서에는 지난 50년 동안 관측된 대부분의 온난화는 '인간 활동'에 기인한 것이라는 새롭고 유력한 증거가 있다는 내용을 담았는데, 2007년에 발표된 IPCC 4차 보고서에는 20세기 중반 이후 지구 평균기온 상승의 대부분은 인위적인 온실가스의 농도 증가에 의해 발생했을 가능성이 매우 높다고 언급했다. 즉 3차 보고서에서 '온난화가 인간 활동에서 기인했다는 증거가 있다'라는 부분은 4차 보고서에서 '가능성이 매우 높다'로 바뀌었다. 또 '온난화는 명백한 사실'이라고 했던 5차 보고서의 내용은 6차 보고서에선 '인간 영향에 의한 온난화는 명백한 사실'로 더욱 분명해졌다.

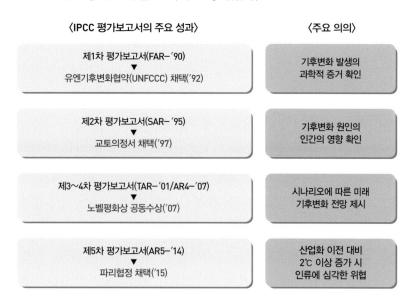

〈IPCC 평가보고서의 주요 성과〉 〈주요 의의〉

제1차 평가보고서(FAR-'90)
▼
유엔기후변화협약(UNFCCC) 채택('92)

기후변화 발생의
과학적 증거 확인

제2차 평가보고서(SAR-'95)
▼
교토의정서 채택('97)

기후변화 원인의
인간의 영향 확인

제3~4차 평가보고서(TAR-'01/AR4-'07)
▼
노벨평화상 공동수상('07)

시나리오에 따른 미래
기후변화 전망 제시

제5차 평가보고서(AR5-'14)
▼
파리협정 채택('15)

산업화 이전 대비
2℃ 이상 증가 시
인류에 심각한 위협

지구온난화를 수사하던 경찰이 용의자의 범위를 좁혀오다가 30년 만에 범인이 인간이라는 사실을 밝힌 셈이다. 과학수사 기법이 발전하면서 인간이 범인일 확률은 99% 이상으로 높아졌고 불확실성은 크게 줄었다. 이번 보고서 작성에 참여한 전 세계 과학자들만 1000명에 달하고 참고한 논문만 1만 4000여 편에 이른다. 덕분에 온난화는 허구라거나 자연적인 기후 변동의 주기에 속한다는 반대 논리도 최근 들어 눈에 띄게 줄고 있다. 이제 우리 앞에는 행동이라는 과제만이 남아 있다.

'지구온난화' 대신 '지구 가열'?

더 이상 지구온난화라는 말을 쓰지 말자는 주장까지 나왔다. 온실을 연상시켜 현재의 위기를 반영하지 못하는 데다 온난화를 일으킨 주체가 드러나 있지 않아 책임을 회피하는 느낌을 주기 때문이다. 대신 '지구 가열(Global Heating)'이라는 표현을 사용해 지구를 뜨겁게 만든 책임이 우리에게 있고 행동이 시급하다는 것을 촉구해야 한다는 목소리가 높아지고 있다.

최근 들어 '기후변화'라는 말 대신 '기후위기', '기후재앙'이라는 말을 쓰는 경우도 늘고 있다. 사소한 단어에 집착하는 것처럼 보일 수도 있지만, 우리가 사용하는 언어는 생각과 행동에 지대한 영향을 미친다. 기후변화라는 말에 느긋하게 반응했다면 기후재앙에는 어떨까? 사람들의 반응이 달라질지 모른다.

기후변화는 긍정적이지도 부정적이지도 않은 중립적인 의미를 지니고 있지만, 위기나 재앙은 빨리 행동해야 할 것 같은 긴박함을 전달한다. 실제로 우리는 기후위기의 시대, 재앙의 시대를 몸으로 체감하며 살아가고 있다. 기후위기는 결코 과장돼 있지 않고 지금 행동하지 않으면 머지않아 파국이 찾아올 거라고 이번 IPCC 보고서는 경고하고 있다.

산업화 대비 1.5℃ 넘게 기온이 오르는 시점은 빠르면 올해가 될 수도 있고 늦어도 2040년까지 20년 남았다. 나이가 많은 기성세대에게는 먼 이야기처럼 들릴 수 있지만, 자라나는 어린이와 청소년 세대는 어떨까? 매년 기후재앙과 싸우며 미래에 대한 꿈을 펼쳐보지도 못하고 접어야 할지도 모른다.

'기후 악당국'인 우리나라, 큰 피해 집중될 수도

IPCC 보고서가 나온 지 30년이 넘었다. 그동안 기후변화에 대한 회의적이거나 부정적인 시각과 싸우느라 모두의 행동이 늦어졌는지 모른다. 1990년에 1차 보고서가 나왔으니 만약 그때 즉시 행동했다면 지금 우리의 삶이 크게 달라졌을지도 모른다.

다행히 5차 보고서 이후 2015년 파리협정이 채택돼 전 세계가 한 목소리로 탄소 중립을 외치게 됐다. 2022년 9월 IPCC의 6차 종합 보고서가 나온 뒤 2023년에는 파리협정 이행에 대한 본격적인 점검이 이뤄진다. 전 세계 정부의 탄소 감축 계획을 종합 분석해 1.5℃ 온난화라는 목표를 달성할 수 있는지 평가할 예정이다. 우리 정부도 탄소 중립 이행안을 내야 한다.

최근 인터넷에 '한국인 요리법'이라는 얘기가 유행처럼 퍼져나갔다. 봄에 황사 먼지를 묻힌 한국인을 여름에 장맛비로 샤워시키고 푹푹 찌는 찜통에 넣고 찐다. 여기서 끝이 아니다. 가을에는 태풍이 몰고 온 비바람에 잠시 널어뒀다가 미세먼지를 살짝 묻힌 뒤 겨울에 냉동실에 보관한다.

4계절 내내 기상이변에 시달리는 우리의 모습을 풍자한 서글픈 농담이 아닐 수 없다. 길어진 장마와 10월까지 이어지는 강력한 가을 태풍의 북상, 시도 때도 없는 황사와 미세먼지의 습격으로 코로나19가 아니어도 사시사철 마스크를 써야 한다. 봄과 가을이 짧아지면서 4계절이 아니라 2계절이라는 말도 나왔다. 겨울에는 이른바 '온난화의 역설'로 불리는 북극한파가 밀려와 냉동실처럼 기온이 떨어지기도 한다.

한반도는 기후변화로 가장 큰 피해를 입을 것으로 지목되는 국가

우리나라 전력 생산(1985년~2018년)

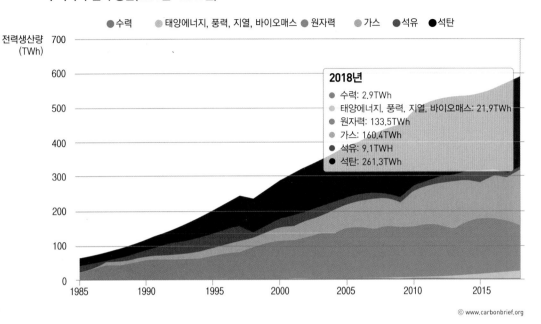

●수력   ●태양에너지, 풍력, 지열, 바이오매스   ●원자력   ●가스   ●석유   ●석탄

전력생산량 (TWh)

2018년
● 수력: 2.9TWh
● 태양에너지, 풍력, 지열, 바이오매스: 21.9TWh
● 원자력: 133.5TWh
● 가스: 160.4TWh
● 석유: 9.1TWH
● 석탄: 261.3TWh

© www.carbonbrief.org

다. 동시에 온실가스 총배출량이 세계 7위, 1인당 배출량은 경제협력개발기구(OECD) 국가 중 1, 2위를 다툴 정도로 많은 '기후 악당국가'이기도 하다. 석탄 소비량이 꾸준히 늘면서 국민 한 사람이 소비하는 석탄의 양은 OECD 회원국 평균보다 2배 이상 많다. 석탄은 온실가스를 배출하는 대표적인 에너지원이다.

1997년 교토의정서는 38개 선진국을 대상으로 온실가스를 줄이도록 의무화했다. 당시 우리나라는 개발도상국으로 분류돼 아무런 의무가 없었다. 그러나 지금은 상황이 달라졌다. 이산화탄소 배출량과 경제 규모가 모두 세계 10위 안에 드는 만큼 책임도 커졌다.

우리가 적극적으로 나서지 않으면 그 피해는 고스란히 우리에게 돌아오게 된다. 멀리 태평양 섬나라의 이야기가 아니다. '한국인 요리법'이라는 우스갯소리가 나올 정도로 우리의 일상은 이미 기후위기로 녹록지 않은 게 현실이다. 전 세계적인 탄소 중립의 물결에 정부와 기업이 발 빠르게 대응하고 개인 역시 변해야지 생존할 수 있다는 점을 명심해야겠다.

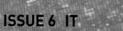

ISSUE 6 IT

대체 불가능 토큰,
NFT

박응서

고려대 화학과를 졸업하고, 과학기술학 협동과정에서 언론학 석사학위를
받았다. 동아일보 《과학동아》에서 기자 생활을 시작했고, 동아사이언스에
서 eBiz팀과 온라인뉴스팀에서 팀장을, 《수학동아》, 《어린이과학동아》 부
편집장, 머니투데이방송 선임기자를 역임했으며, 현재는 테크월드에서 편
집장을 맡고 있다. 지은 책으로는 『테크놀로지의 비밀찾기(공저)』, 『기초기
술연구회 10년사(공저)』, 『지역 경쟁력의 씨앗을 만드는 일곱 빛깔 무지개
(공저)』, 『차세대 핵심인력양성을 위한 정보통신(공저)』, 『과학이슈11 시리즈
(공저)』 등이 있다.

NFT, 모든 것을 디지털 자산으로 만든다?!

최근 간송미술관이 훈민정음 헤례본을 NFT로 한정 발행했다. ⓒ 간송미술관

누군가가 한글 창제 목적과 원리가 담긴 훈민정음 해례본 원본을 1억 원에 판다고 하면 아마도 엄청나게 많은 사람이 이를 사고자 줄을 설 것이다. 1940년 간송 전형필 선생이 당시 1만 1,000원, 지금 돈으로는 30억 원에 달하는 금액으로 이 책을 샀기 때문이다.

그런데 원본 실물 책이 아니라 디지털 파일로 100개를 만들어 100명에게 각각 1억 원에 판다면 어떨까. '뭐가 다른 거지'라며 관심을 가지는 사람도 있겠지만, 사람들 대다수는 '이게 뭐야'라는 반응을 보일 가능성이 높다. 보통 사람들은 훈민정음 해례본 디지털 파일 구입을 이북(ebook)과 같은 전자책이나 영화, 음원 파일 구입과 같다고 생각한다. 그런데 이런 파일 하나를 1억 원에 사고판다고?

2021년 7월 22일 간송미술관은 국보 제70호이자 유네스코 세계기록유산인 훈민정음 해례본을 대체 불가능 토큰(Non-Fungible

Token, NFT)으로 100개 한정해 발행한다고 밝혔다. 해당 NFT에는 001번부터 100번까지 고유번호가 붙으며 원본 소장기관인 간송미술관이 한정 발행한 것임을 보증한다. 간송미술관은 NFT를 개당 1억 원으로 판매해, 이를 통해 얻게 된 수익금을 해례본 관리와 문화재 연구, 홍보에 사용할 계획이다.

훈민정음 해례본 NFT는 얼마나 팔렸을까? 2021년 10월까지 80개 이상이 팔린 것으로 알려졌다. NFT가 뭐길래 훈민정음 해례본 NFT를 1억 원에 사는 사람들이 이렇게 많은 것일까.

NFT는 블록체인을 기반으로 발행하는 고유한 디지털 증명문서다. 실제로 존재하는 물건이나 대상 또는 디지털 콘텐츠에 NFT를 연계해 발행하면 특정인의 소유권이나 기여도를 증명할 수 있다. NFT는 각각 서로 다른 고유정보로 구별하며, 블록체인 기술을 적용해 소유와 이전 기록이 투명하게 보존된다. 무엇보다 복사하면 원본과 동일한 파일을 만들 수 있어 원본과 복사본을 구별할 수 없는 디지털 세상에서 블록체인 기술을 적용해 원본과 복사본을 구별할 수 있고, 소유권을 증명할 수 있다는 것이 NFT가 가진 가장 큰 매력이다.

NFT 디지털 파일 하나가 800억 원?

2021년 3월 11일에 뉴욕 크리스티 NFT 경매에서 디지털 예술가 '비플'로 알려진 마이크 윈켈만의 디지털 아트 '매일: 첫 5000일(Everydays-The First 5000 Days)'이라는 작품이 6,930만 달러(약 820억 원)에 팔렸다. 이때까지 실물 그림이 아닌 디지털 NFT로 팔린 작품 중 최고가다.

디지털 아트 '매일: 첫 5000일'은 마이크 윈켈만이 2007년부터 매일 온라인에 게시한 이미지 파일을 5000개 이상 모아 만든 콜라주 작품이다. 300MB(메가바이트)가량 용량을 가진 JPEG 파일 하나다. 비플은 루이뷔통과 저스틴 비버, 케이티 페리 같은 유명 브랜드 및 팝스타 등과

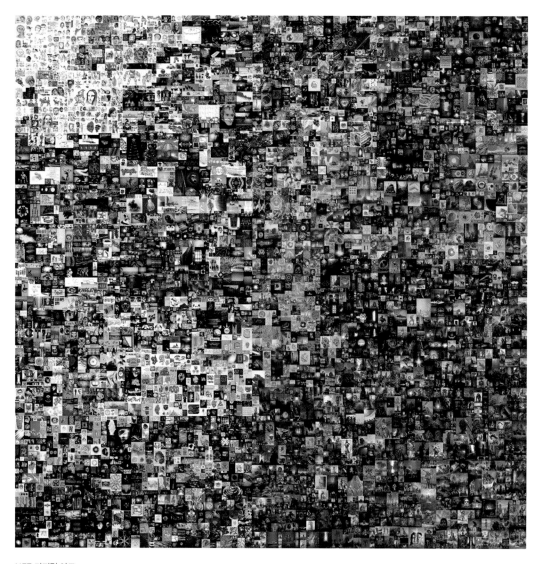

NFT 디지털 아트
'매일: 첫 5000일'. © 비플

함께 14년 넘게 작업을 하고 있어, SNS에서 250만 명 정도의 팔로워를
보유할 정도로 인기를 얻고 있다.

    100달러로 경매를 시작한 이 작품은 종료를 몇 초 앞둔 시점까지
2,000만 달러대에 머물렀다. 하지만 마지막 순간에 180건이 넘는 입찰
이 쏟아지면서 경매시간이 2분 연장됐고, 최종적으로 6,000만 달러를
넘어서며 NFT 최고가를 기록했다. 이는 제프 쿤스와 데이비트 호크니

에 이어, 살아 있는 예술가가 받은 세 번째로 높은 경매가다.

'비플'은 뉴욕타임스(NYT)와의 인터뷰에서 "나는 이것이 예술사에서 다음 단계라고 생각한다"며 "(누구나 NFT 기술 덕분에) 이제 디지털 아트를 수집할 수 있게 됐다"고 말했다.

2021년 3월 4일에는 블록체인 기업 인젝티브 프로토콜이 그래피티 아티스트 뱅크시의 작품 '멍청이(Morons)'를 NFT로 만든 다음, 해당 작품 원본을 불태웠다. 그리고 디지털로 만든 NFT 판매를 시작했다. 인젝티브 프로토콜 관계자는 "실물과 디지털 아트가 함께 존재하면 실물 가치가 높을 수밖에 없지만, 실물을 없애면 NFT가 유일한 진품이 된다"고 말했다.

국내에서도 뱅크시의 멍청이(Morons) 작품처럼 원본 작품을 불태우는 사건이 발생했다. 2021년 8월 16일 중진 작가 김정수 씨는 시가 9,000만 원에 달하는 대형 진달래 그림(100호)을 장작불에 불태웠으

중진 작가 김정수의 진달래꽃'.
© 선화랑

며, 이 그림을 촬영한 디지털 사진 NFT 에디션 300개를 각 1,000달러(약 118만 원)에 판매하고, 그림을 불태우는 과정을 담은 동영상 NFT도 경매에 부친다고 밝혔다. 1982년부터 프랑스와 한국에서 활동해온 김정수 작가는 어머니의 사랑을 상징하는 '진달래 꽃-축복' 작품들로 국내외에서 명성을 얻었다. 김 작가는 "캔버스라는 공간을 벗어나 디지털 형태로 예술 작품의 영속성을 부여하고 싶어 이 프로젝트를 결정했다"며 "시각예술의 NFT화는 이 시대 또 하나의 미술계 새로운 흐름이 될 것이라고 생각해 주저 없이 도전했다"고 말했다.

미술품을 중심으로 다양한 분야로 확산되는 NFT

이처럼 NFT는 디지털 아트와 같은 미술작품을 중심으로 확산하고 있다. 하지만 NFT는 디지털로 구현된 모든 대상에 원본과 소유권이라는 특성을 적용할 수 있어 이를 활용할 수 있는 분야는 무궁무진하다.

2021년 2월 22일 '제스'라는 이름을 사용하는 사용자는 20만 8,000달러(약 2억 4,500만 원)를 내고 르브론 제임스의 덩크슛 장면에 대한 소유권을 샀다. 미국 NBA는 2020년부터 'NBA TOP SHOT'이라는 공식 포토카드에 NFT 기술을 적용하고 있다. 트위터 창업자 잭 도시가 2006년 트위터 서비스를 준비하면서 "내 트위터를 막 셋업 중이다(just setting up my twitter)"라고 올린 문장은 세계 최초의 트윗이다. 트위터에서는 역사적 의미가 큰 문장이다. 그런데 잭 도시의 첫 트윗이 밸류어블스바이센트(v.cent.co)라는 NFT 거래 플랫폼에서 2021년 5월 9일 경매에 부쳐져 250만 달러(약 29억 5,000만 원)에 팔렸다.

또 2021년 5월 11일에는 바둑 인공지능(AI) 알파고에게 유일하게 승리한 기록으로 남은 이세돌 9단의 제4국이 NFT로 등장해 60이더리움(약 2억 5,000만 원)에 낙찰됐다. 이세돌 9단은 2016년 3월 13일 열렸던 구글 딥마인드 챌린지 5번기 제4국에서 백을 잡고 180수 만에 불계승을 거뒀다. 이 대국은 지금까지 사람이 알파고에게 승리한 유일한

바둑 인공지능 알파고와
대국하는 이세돌 9단.
ⓒ 구글딥마인드

대국이다. 당시 불리하던 상황에서 이세돌 9단이 둔 78번째 돌이 전세를 뒤집어 '신의 한 수'로 불리며 화제가 됐다. 제4국 기보를 그대로 옮긴 NFT는 영어 알파벳과 아라비아 숫자를 이용해 흑과 백의 착수 지점을 디지털로 구현했다. 기보를 배경으로 이세돌 9단 사진과 서명도 담았다.

　이처럼 2021년 NFT가 큰 인기를 얻으며 NFT 가격도 크게 오르고 있다. 2021년 8월 23일에 미국 경제매체 CNBC는 누군가가 130만 달러(약 15억 3,400만 원)를 주고 돌 그림(P.116 사진)을 샀다고 보도했다. 보통 사람이 보기에는 돈을 주고 살 필요는 없어 보이는 평범한 그림이다. '이더락(EtherRock)'이라는 이 돌덩이 그림은 이더리움 블록체인으로 만든 첫 수집형 NFT 시각물로 세상에 100개만 존재한다. 이더락 홈페이지는 "100개 중 하나를 소유하고 있다는 자부심을 느낄 수 있다"고 밝혔다. 하지만 이더락은 사고파는 것 외에는 쓸모가 없어 보인다. CNBC는 "이더락이 100개밖에 없다는 희소성 때문에 가치가 높게 평가된 것으로 보인다"며 "2021년 6월 말부터 NFT가 인기를 끌었고, 이더락 가격 상승은 NFT 수요가 늘고 있음을 보여준다"고 분석했다.

　보통 사람은 상상하기 어려운 상황이다. 도대체 NFT가 무엇이기에, 어떤 비법이 숨어 있기에 단순한 돌덩이 그림이 수십억 원이 될 수 있는 것일까. 대체 불가능 토큰이라는 기술적 특성을 앞에서 이야기했

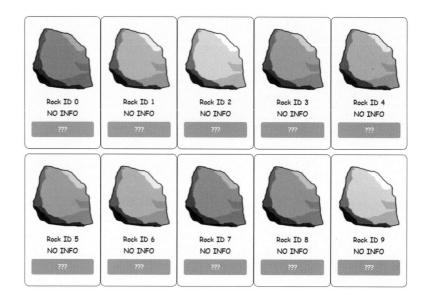

NFT 작품인 돌덩어리 그림
'이더락'. ⓒ 이더락 홈페이지

음에도 기술로 상황을 이해하기는 쉽지 않다. NFT를 바라볼 때 주목해
야 할 포인트가 기술이 아니기 때문이다. 기술을 활용하는 이유, 해당
기술을 활용한 응용 분야가 사회에 미치는 영향과 현상에 주목할 필요
가 있다.

디지털 작품에 아우라를 선사하는 NFT

발터 벤야민은 '기술적 복제가 가능한 시대의 예술작품'이라는 논
문에서 예술작품에는 기묘한 분위기와 경외심, 권위 등이 어려 있는데,
이를 '아우라'라고 정의했다. 그리고 예술작품에 어린 아우라는 해당 작
품이 가진 희소성과 고유성에서 비롯된다고 주장했다.

벤야민에 따르면 레오나르도 다 빈치의 모나리자 같은 그림이나
미켈란젤로의 다비드상 같은 조각은 아우라가 있는 예술작품이다. 이런
예술작품은 사람이 직접 수작업으로 완성해야 해 시간과 에너지가 많이
들고, 복제하기도 쉽지 않다. 복제하더라도 원본과는 아주 조금일지라
도 차이가 발생할 수밖에 없다. 이런 특성 때문에 어떤 복제품도 원본을

대신할 수는 없다. 이렇다 보니 원본이 사라지면 진품도 영원히 사라지게 돼 원본에 대한 가치를 높게 매길 수밖에 없다. 이에 이 같은 고급문화 예술작품은 부자나 고관대작과 같은 상위계층만이 감상하고 소비할 수 있을 뿐 하위계층은 다가가기조차 어려웠다.

하지만 사진과 같은 대중문화 예술은 원본과 동일한 복제품을 만들어낼 수 있다. 스마트폰으로 찍은 사진 파일을 여러 번 복사하면 촬영자조차도 복제품과 원본을 구별할 수 없을 정도로 차이가 없다. 이에 벤야민은 대중문화 예술이 아우라의 소멸을 가져왔다고 말했다. 디지털 파일은 원본이 따로 없어 고유성과 희소성이 사라지기 때문이다. 덕분에 예술작품을 싼값에 보급해, 하위계층에서도 예술을 손쉽게 즐기며 소비할 수 있게 됐다.

대체 불가능한 토큰, 즉 NFT를
나타내는 데 사용되는 로고.
© NFT MCH+/wikipedia

벤야민은 아날로그와 오프라인, 실제 현실이 고급문화에 속하고 디지털과 온라인, 가상현실이 대중문화에 속하는데, 이 두 그룹 간의 차이는 크게 보면 아우라가 있고 없음에서 비롯한다고 밝혔다. 고급문화에는 아우라가 존재하고 대중문화에는 존재하지 않는다는 설명이다.

그런데 디지털 예술작품과 콘텐츠에 NFT를 적용하면서 상황이 달라졌다. NFT를 적용한 디지털 파일은 세상에서 유일한 디지털 파일로 탈바꿈한다. 특히 해당 파일을 소유한 사람의 정보와 거래 이력이 모두 기록되고, 이 기록은 수정 또는 삭제가 불가능하다. 복제를 하더라도 복제 사실이 모두 기록되기 때문에 원본과 복제품 구별도 쉽게 할 수 있다. NFT 적용에 따라 디지털로 된 예술작품이 고급문화에 해당하는 과거의 그림과 조각 작품처럼 희소성과 고유성이라는 아우라를 가지며 새롭게 가치를 인정받게 되는 셈이다.

NFT도 대체할 수 없는 암호화폐라고?

NFT는 블록체인 기술로 만든 토큰, 즉 암호화폐다. 하지만 비트코인이나 이더리움 같은 블록체인을 이용한 일반적인 암호화폐와는 다르다. 비트코인은 기존에 만들어진 토큰이나 새로 만든 토큰이 서로 똑같기 때문에 토큰 1개 가격이 같은 가격을 형성하고 서로가 서로를 대체하며 화폐처럼 사용할 수 있다.

비트코인 같은 일반 암호화폐가 서로를 대체하며 일반 화폐처럼 사용할 수 있는 반면, NFT는 대체할 수 없는 유일한 화폐다. 마치 세상에 단 하나밖에 없는 기념주화 같은 느낌이다. NFT로 만들어지는 토큰은 하나하나가 모두 다르기 때문이다. 같은 블록체인 플랫폼과 기술을 이용한 NFT라고 해도 만들 때마다 새로운 토큰이 만들어져 똑같은 토큰은 존재하지 않는다. 즉 NFT로 토큰을 2개 만들면 1번 토큰과 2번 토큰이 서로 달라 1번 토큰으로 2번 토큰을 대체할 수 없다.

이처럼 NFT는 다른 토큰으로 대체할 수 없으며, 생성됨과 동시에 세상에 오직 하나뿐인 유일한 토큰이 된다. 또 한번 발행하면 다른 사람이 복제하거나 위조할 수도 없다. 이에 따라 NFT로 만들어지는 대상은 세상에 단 하나밖에 없는 존재가 된다. 이것이 NFT로 만든 대상을 천문학적인 가치로 올려주는 핵심 포인트다.

100개를 만든 훈민정음 해례본 NFT를 예로 들면 100개가 똑같은 훈민정음 해례본 디지털 이미지를 담고 있지만 각자 다른 번호와 소유권 정보를 갖는다. 마치 실물 세상에서 레오나르도 다 빈치의 모나리자 원본 그림이 이를 흉내 낸 모작과 서로 다른 것과 비슷한 셈이다.

조금 더 기술적으로 접근하면 일반적인 암호화폐를 따르는 이더리움은 ERC-20 표준을 따른다. ERC-20은 Ethereum Request for Comment 20의 약자로, 이더리움 블록체인 네트워크에서 정한 표준 토큰 스펙이다. 이더리움은 기존 비트코인에서 볼 수 없었던 다양하고 새로운 블록체인 기술을 개발하고 도입했다.

ERC-20 토큰은 현재 가장 많이 쓰이는 토큰이다. 일반적으로 암호화폐 거래소에서 거래하는 대부분의 토큰 발행 기준이 되고 있다. ERC-20 토큰이 기술적으로 대체 가능한 암호화폐를 지원하고 있어서다. 대체 가능하다는 것은 화폐처럼 하나의 토큰이 다른 토큰과 동일한 가치(value)를 지녀 서로 교환할 수 있다는 의미다. 즉 ERC-20으로 발행하는 토큰은 모두 '대체 가능하다'는 특징을 가진다.

　　NFT 표준안으로 이용하는 기술은 ERC-721 토큰으로 이것도 이더리움에서 나왔다. 즉 대다수의 NFT가 이더리움 플랫폼을 이용해 만들어진다. ERC-721 토큰은 ERC-20 토큰과 반대로 '대체 불가능하다'는 특징을 가진다. ERC-721로 발행하는 토큰은 각각이 모두 다른 가치를 가져 다른 토큰을 대체할 수 없다. 이처럼 매번 서로 다른 가치를 지니는 토큰이 만들어지기 때문에 ERC-721은 교환 가능한 일반적인 암호화폐를 만드는 용도로는 쓰일 수가 없다. 대신 게임과 같은 곳에서 대체할 수 없는 대상을 만들고 관리하는 데 매우 유용하게 사용된다.

희소성을 게임에 담아 수집에 재미까지 더한 크립토키티

　　ERC-721 토큰을 대표적으로 활용한 사례가 블록체인 기반으로 만들어진 '고양이 육성 게임 크립토키티(CryptoKitties)'다. 크립토키티는 가상 공간에서 애완동물(pet)을 육성해 고양이 캐릭터를 수집하고 교배시키며 암호화폐를 사용해 사고팔 수 있는 게임이다. 크립토키티 게임을 개발한 스타트업 대퍼랩스(Dapper Labs)는 게임 사용자들에게 수집(collectible)과 교배(breedable), 사랑스러움(adorable)의 세 가지 단어를 강조하며, 어려운 기술적 요소를 철저하게 빼고 게임이라는 재미를 추구하는 데 주력했다.

　　크립토키티의 고양이 캐릭터 가격은 생김새와 매력도에 따라 달라지는데, 새로 태어나는 고양이의 특성은 ERC-721 표준 기술을 사용해 무작위(랜덤)로 결정된다. 눈과 털 색상, 입 모양, 초콜릿, 크레이지, 얼음, 수염, 풍선껌, 오타구 등 256가지(비트)의 유전 코드가 섞여 새끼 고양이가 만들어지고, 새끼 고양이들은 각각 몇 가지 속성을 무작위로 타고 태어난다. 256가지 유전 코드로 만들 수 있는 고양이는 수학적으로 계산해보면 2의 256제곱, 즉 1.1579×10^{77}으로 78자리 수에 해당한

다. 천문학적인 숫자여서 아무리 많은 고양이를 만들어도 이 숫자를 다 채우는 것은 거의 불가능하다.

교배를 통해 태어난 새끼 고양이는 교배한 부모 고양이의 세대 중 높은 세대 +1이라는 세대값과 해당 개체만이 가지고 있는 고유한 유전 형질을 얻는다. 이 유전적 형질이 각 개체를 구분하는 도구가 되며 시장에서 얼마나 가치를 가지는지도 알려주는 척도로 쓰인다. 그러다 보니 크립토키티 고양이들은 제각각 다른 모습을 하고 있으며, 인위적으로 특정 생김새를 만들 수도 없고, 오로지 운에 따른다. 크립토키티가 인기를 얻는 데 결정적인 역할을 한 요소도 이 같은 희소성이다.

이로 인해 게임 사용자들은 전 세계에 단 하나밖에 없는 고양이를 가질 수 있어, 뛰어난 생김새와 매력도가 넘치는 고양이를 갖고자 더욱 노력하게 된다. 실제로 디지털 이미지에 불과한 고양이 하나가 11만 8,000달러(약 1억 3,900만 원)에 팔리기도 했다.

크립토키티는 교배를 통해 새로운 펫을 만들고, 이를 시장에서 거래될 수 있도록 가치를 가지는 상품으로 만드는 재미까지 더하며 기존의 펫 수집 게임을 한 단계 발전시켰다. 크립토키티가 블록체인 기술을 이용해 성공하자 비슷한 게임이 다수 등장했다. 강아지를 사고파는 '트

론독스'부터 몬스터와 물고기를 파는 게임까지 크립토키티와 비슷한 방식으로 다양한 게임이 나왔다.

이더리움 한계를 그대로 드러내며 몰락

하지만 블록체인 기술을 이용해 성장한 크립토키티는 아이러니하게도 기술적 한계를 드러내며 몰락하기 시작했다. 이더리움 블록체인을 기반으로 하는 디앱(DApp)의 대표주자였지만 이더리움이 가진 한계로 여러 가지 문제가 생겼기 때문이다. 디앱은 댑이라고도 하는데, 'Decentralized Application'의 약자다. 이더리움과 이오스, 큐텀 같은 블록체인 플랫폼 코인에서 작동하는 탈중앙화 분산 애플리케이션을 말한다. 줄여서 분산 앱이라고도 한다.

크립토키티가 폭발적인 관심을 받게 되자 과도한 트래픽이 이더리움 네트워크에 쏠렸다. 이로 인해 서비스가 지연되면서 고양이를 제때 번식하거나 매매할 수 없는 상황이 발생했다. 게임으로 하는 고양이가 아니라 이더리움을 활용해 부동산이나 금융거래와 같은 중요한 활동을 할 때 크립토키티처럼 서비스가 중단되면 어떻게 될까. 거래를 하지 못해서 손해가 발생하는 일이 생기고, 이로 인한 피해를 사용자가 고스란히 떠안아야 한다. 따라서 이더리움 네트워크가 트래픽이나 외부 영향으로부터 안전하지 않을 수 있다는, 사용자들이 걱정하는 불안전성을 해소하고 부득이한 피해 발생 시 이에 대한 대책을 갖추고 있어야 한다.

네트워크와 별개로 수수료에 대한 문제점도 안고 있었다. 크립토키티와 같은 NFT가 사용하는 이더리움은 트랜잭션이 발생할 때마다 사용자가 비용(수수료)을 지불해야 한다. 퍼블릭 블록체인이 가진 특성 때문이다.

크립토키티가 폭발적 관심을 받자 이더리움 네트워크에 과도한 트래픽이 쏠렸다.

하지만 게임이 아무리 재미있어도 게임을 할 때마다 돈을 내야 하는 일이 발생한다면 사용자들이 부담을 느낄 수밖에 없다.

사용자는 거래가 발생할 때마다 비용을 부담해야 하고, 네트워크 거래량에 따라 비용이 점차 증가한다. 이에 관련 업계에서는 퍼블릭 블록체인을 직접 사용하지 않고 퍼블릭 블록체인에 연결된 하위체인을 사용하는 방식을 대안으로 제시했다. 프라이빗 블록체인 특성을 가진 하위체인을 먼저 각 사용자 특성에 맞는 네트워크로 만든 다음, 해당 네트워크에 대한 공증을 퍼블릭 블록체인이 제공하는 방식이다. 아이콘과 에이치닥 등도 이와 같은 방식을 이용한다. 이오스는 앱을 사용하는 사용자 대신 판매자에게 비용을 부담하도록 바꿨다.

사상 최고 거래액 갈아치우는 NFT 시장

2019년 암호화폐 가치가 급락하면서 결국 NFT를 활용해 큰 인기를 얻던 크립토키티도 몰락했다. 그런데 2020년과 2021년 다시금 NFT가 각광받으며 새롭게 떠오르고 있다. 블록체인 데이터 플랫폼 댑레이더에 따르면 2021년 1분기 세계 NFT 거래액은 12억 달러(약 1조 4,100억 원)로 2020년 전체 거래액(9,486만 달러)을 크게 앞질렀다. NFT 거래액은 2021년 3분기에 107억 달러(약 12조 6,000억 원)를 기록하면서 사상 최고치도 갈아치웠다.

그때와 지금, 무엇이 다른 것일까. 2년 동안 발전한 블록체인 기술 때문일까. 사실 기술은 그때와 큰 차이는 없기에 기술 발전을 이유로 보긴 어렵다. 그러면 2020년과 2021년 암호화폐 가치가 크게 올라서일까. 이에 많은 영향을 받았음은 확실해 보인다. 하지만 2년 전과 가장 큰 차이는 게임과 달리 블록체인 기술이 가진 한계에 영향을 상대적으로 덜 받는 미술품에 NFT를 적용하면서 NFT가 본격적으로 디지털 자산으로서 기능하기 시작했기 때문이 아닐까 싶다.

NFT가 디지털 자산으로 떠오르면서 사람들이 몰리고, 그 몰리는 사람에 의해 다시금 가치가 올라가는 선순환이 일어나고 있는 셈이다. 예를 들어 초기에 100명이 1인당 100만 원으로 1억 원이라는 시장이 만들어졌다면 참여자가 10만 명으로 1000배가 늘면 시장 규모도 1,000억 원으로 1000배 가깝게 커진다. 상대적으로 공급이 적은 상황에서 시장이 커지면 NFT 가치는 상승한다. 공급이 늘지 않는다면 100만 원이던 NFT가 수천만 원에서 수억 원으로 오르게 되는 셈이다.

이유가 어떻든지 간에 NFT를 활용한 예술작품의 가격이 계속 오르고 있다는 것이 현실이다. 2021년 여름에 비트코인 가격이 하락하면서 NFT 아트도 소강상태에 들어갔지만 2021년 가을 비트코인이 1억 원을 돌파할 정도로 상승세다. 이에 NFT 아트도 가치가 오를 것이라는 전망이 나오고 있다.

과거 예술작품 거래 시장은 수량이 한정적이고 가격이 고가여서 부자들만의 영역으로 간주됐다. 일반인은 알기도 어렵고 알아도 참여하기가 불가능에 가까운 수준이었기 때문이다. 반면 NFT 예술작품 거래 시장은 다양한 계층이 참여할 수 있는 방식으로 시장이 만들어지고 있다. 비플과 같은 유명인의 작품을 일반인이 사기는 쉽지 않다. 수량도 적고 가격도 엄청나기 때문이다. 하지만 오픈 에디션(open edition)을 이용하면 일반인도 접근해 볼 수 있다. 오픈 에디션은 한정판 작품을 판매한 뒤 10분 동안 복사본을 최대 9999개까지 발행하는 것을 말한다. 비록 최초 발행한 한정판에 비해 희소성이 떨어지지만 각각에 고유번호를 매겨 '정품'임을 인증하기 때문에 이를 사두면 나중에 2차 시장(secondary market)에서 고수익을 얻을 수 있다. 2020년 '국가 최후의 저항'이라는 작품은 2차 시장에서 350배나 급등하기도 했다.

2020년 11월 미국의 그래픽 아티스트 '슬라임 선데이'는 '국가 최후의 저항'이라는 디지털 작품을 온라인 플랫폼에 업로드했다. 자크 루이 다비드의 '사비니 여인들의 중재'에 일부 이미지를 덧씌운 작품이다. 처음 판매 가격은 40달러(약 4만 7,000원)였는데, 2021년 3월에 2차 시장에서 1만 3,999달러(약 1,650만 원)에 팔렸다. 이처럼 인기 작품은

선데이의 디지털 작품 '지구
최후의 저항(The Last Stand
of the Nation State)'.
ⓒ 슬라임선데이닷컴

2차 시장에서 가격이 급등하기 때문에 새로운 투자 수단으로 각광받고
있다. 어떤 작품이 사람들에게 인기 있을지 볼 수 있는 안목이 있다면
적은 돈으로도 수백 배에 가까운 수익을 낼 수 있는 셈이다.

메타버스에 현실성 높이며 함께 성장

NFT가 인기를 얻는 또 다른 이유는 적용할 수 있는 대상이 다양
해졌다는 점이다. 블록체인 기술에 기반을 둔 게임 위주로 활용하던
2019년과 달리 지금은 디지털 미술작품을 비롯해 디지털로 구현할 수
있는 모든 콘텐츠에 NFT가 적용되고 있다. 최근에는 메타버스가 각광
을 받으면서 메타버스에서 활용도가 높은 NFT에 대한 관심도 함께 높
아지고 있다.

메타버스는 현실처럼 구현한 가상 세계를 뜻하는 말이다. 메타버스에는 실제와 비슷한 세계인 가상현실(Virtual Reality, VR), 실제 공간에 가상현실을 겹쳐 영상으로 만드는 증강현실(Augmented Reality, AR) 기술이 있다. 여기에 두 기술을 결합한 혼합현실(Mixed Reality, MR)과 확장현실(eXtended Reality, XR)까지 모두 포함해 실제와 구분하기 어려울 만큼 사실적으로 구현한 가상 세계가 메타버스다.

대표적인 메타버스인 '로블록스'와 '제페토'에서 사람들이 아바타를 활용한 활동으로 실제와 비슷한 느낌을 받으며, 게임 속 경제활동이 실제와 같아지기를 기대한다. 예를 들어 미국 게임 플랫폼 로블록스에서 사용하는 게임 머니 '로벅스'를 이용하면 게임 속에서 각종 아이템과 이모티콘, 아바타 등을 구입할 수 있다. 사람들은 로벅스를 벌기 위해 게임 속에서 콘텐츠와 아이템을 만들어 판매하면서 실제와 비슷한 경제활동을 한다. 네이버의 제페토에서도 다양한 아이템을 만들어 판매할 수 있다. 이 같은 게임 속 활동이 실제 경제활동과 이어지려면 게임 머니가 현실 속 화폐와 같은 가치를 보증받아야 한다.

사실 게임 머니는 오래전부터 존재해왔다. 하지만 다들 게임 내에서 활용하고 게임을 그만두면 사라지는 것으로 생각했다. 그런데 게임 머니가 메타버스를 만나면서 가상현실로 머물지 않고 현실과 결합하며 새로운 디지털 자산으로 등장하고 있는 셈이다. 이걸 가능하게 해주는 것이 NFT다. 제페토에서 시계 장인이 특별한 시계를 10개만 만들어 10만 원에 판매했는데, 이를 구입했다고 해보자. 초기에는 10개로 한정돼 있기 때문에 뿌듯함을 느낄 수 있다. 하지만 디지털 세상이기 때문에 누군가 이를 복제해낼 수 있다. 또 시계 디자인과 구성을 복제해서 거의 비슷한 시계를 만들어낼 수도 있다. 이렇게 되면 진품과 가품을 구분하기도 어려워진다. 또 게임에서 이 시계 아이템을 훔쳐 갔을 경우 소유권을 주장할 수도 없다.

하지만 이 시계에 NFT를 적용하면 상황이 크게 달라진다. NFT로 인해 해당 시계를 누가 만들고 구입했는지 블록체인에 모든 내역이

대표적인 메타버스 플랫폼
'로블록스'. © 로블록스

기록되면서 해당 아이템의 진품 여부를 손쉽게 증명할 수 있다. NFT가 계속 아이템에 원본이라는 가치, 즉 '아우라'를 담아 게임에서도 현실과 같은 느낌을 그대로 가질 수 있게 돕는다. 이에 따라 메타버스도 더욱 현실과 가까워진다. NFT가 메타버스의 현실성을 더 높여줘 메타버스에 대한 몰입도를 더 높여주는 셈이다. 실제로 최근 메타버스 속 아이템 가치가 크게 오르고 있다.

투자업계에서는 이 같은 메타버스와 NFT 아트가 투자 활성화에 긍정적인 효과를 낼 수 있다고 본다. 김용호 한양증권 연구원은 조선일보와 인터뷰에서 "예술품에 블록체인 기술을 접목하면 소유권의 분할과 유동화가 가능해져, 예술 투자에 대한 진입 장벽이 낮아질 수 있다"며 "이는 궁극적으로 예술품이 대중적 대체투자 자산으로서 기능하는 결과를 낳게 될 것"이라고 말했다.

NFT 기술로 디지털화가 가능한 콘텐츠에 대해서 희소성과 고유성, 그리고 소유권까지 부여할 수 있게 되면서 창작자들은 자신이 만든 창작물에 대해 금전적 보상을 받을 가능성이 높아졌다. 그만큼 창작 활동도 더 활발해질 것으로 기대된다.

지금까지는 미술품 시장이나 전문가에게 인정을 받아야만 자신의 작품을 판매할 수 있었다. 하지만 NFT는 누구나 손쉽게 시장에서 사람들과 거래할 수 있게 한다. 알려지지 않았던 뛰어난 창작자들이 NFT라는 날개를 달고 세상 사람들과 직접 만나며 제대로 평가를 받을 수 있게 되는 셈이다. 마치 유튜브라는 공간을 통해 일반 동영상 제작자(크리에이터)가 전문제작자보다 더 많은 구독자와 조회수를 얻으며 활동하는 것과 비슷한 모습이 나타날 수 있다는 얘기다. 물론 수많은 작품 가운데 장난으로 만든 작품처럼 질이 떨어지는 작품이 NFT 시장에 등장하면서 옥석을 가려야 하는 문제도 있다.

구찌 등 주요 브랜드 IP를 활용해 실생활과 비슷하면서도 다양한 서비스를 선보이고 있는 제페토. ⓒ 네이버

'21세기 튤립 버블'로 우려되는 NFT

하지만 NFT의 가치가 오르는 만큼 우려의 목소리도 함께 커지고 있다. NFT를 '21세기 튤립 버블'이라는 주장도 제기된다. 대중적인 NFT 예술작품이 지금과 같이 높은 가치를 얻게 된 배경은 희귀성을 나타내는 대체 불가능한 암호화폐와 결합했기 때문이다. 즉 NFT가 예술작품과 디지털 자산이라는 새로운 이름으로 포장한 암호화폐라는 얘기다. 이에 NFT라는 새 암호화폐가 천문학적인 가격을 형성하고 있는데, 그만한 가치가 있느냐는 지적이 나온다. 로이터 통신은 "NFT시장이 가격 거품을 보이고 있다"며 "다른 투자처럼 투자자들의 흥분이 가라앉으면 큰 손실을 볼 수 있다"고 경고했다.

NFT 거품을 주장하는 측에서 여러 사례를 제시하는데, 이 중 하

일부에서는 NFT가
'21세기 튤립 버블'이라는
지적이 나온다.

나가 50만 원에 팔린 '방귀 소리 녹음 NFT'다. 미국 영화감독 알렉스 라미레즈 말리스는 1년 동안 친구들과 뀐 방귀 소리를 녹음한 뒤, 이 오디오 디지털 파일에 NFT 기술을 적용해 '마스터 컬렉션'이라는 이름으로 경매에 내놓았다. 이 NFT는 경매에서 0.2415이더리움(약 50만 원)에 팔렸다.

일부에서는 다단계나 폰지 사기와 비슷한 상황이 나타날 수 있다고 경고한다. 다단계는 먼저 참여한 사람들이 나중에 참여한 사람들로부터 발생하는 수익을 나눠 가지는 방식이다. 하지만 새로운 참여자가 들어오지 않으면 이익을 보기가 어려운 구조다. 따라서 시장에 새로운 유입이 중요한데, 신규 유입이 줄면 시장이 사라지며 뒤늦게 참여한 이들이 손실의 대부분을 떠안게 된다.

폰지 사기도 비슷하다. 투자 사기 수법의 하나로 실제 아무런 이윤 창출 없이 투자자들의 돈으로 수익을 지급하는 방식이다. 초기에는 다른 투자자의 돈으로 10~20%에 해당하는 이자를 몇 달 이상 지급하면서 투자자들의 신뢰를 얻는다. 그리고 이런 신뢰로 투자자 규모를 크게 키운 뒤 일정 시점에 투자받은 돈을 모두 갖고 잠적하는 방식이다. 이 역시 신규 참여자가 들어오지 않으면 성립되지 않는다.

최근 비플(Beeple)의 NFT 예술작품의 낙찰자는 메타코반(Metakovan)이라는 유명 NFT 수집가다. 메타코반은 NFT 펀드 '메타퍼스(Metapurse)'를 운영하고 있다. 메타퍼스는 비플의 NFT 작품을 모아 B20이란 토큰도 발행했다. 업계 관계자가 높은 가격에 작품을 낙찰받아 전 세계 이목을 집중시킨 뒤 이를 사업적으로 활용한 것이다. 이처럼 NFT도 초기 참여자들이 짜고 치는 고스톱처럼 의도적으로 시장을 키우며 후속 참여자들의 투자금을 가져가는 방식이 될 수 있다는 주장이다. 다단계나 폰지 사기라고 보기는 어렵지만, 의도적 연출임에는 분명해 보인다.

NFT 뱅크가 NFT 마켓플레이스 라리블(Rarible)을 분석한 자료에 따르면, 갓 생성된 지갑이나 기존에 거래가 없던 지갑에서 NFT가 거래된 경우가 86%에 달했다. 이는 최근 들어 NFT 예술품에 투자하는 신규 투자자가 급증했거나 NFT를 발행한 아티스트가 자체적으로 지갑을 만들어 NFT 가격을 높이고 있다는 얘기다. NFT 거래는 경매 형식으로 이뤄진다. 이 때문에 동일인 또는 같은 그룹이 새로운 지갑을 만들어 지속적으로 높은 가격을 제시하면서 NFT 예술품 가격을 의도적으로 올릴 수 있다. 이른바 자전거래다. 자전거래가 이뤄지는 걸 모르는 투자자는 실제 시장에서 평가되는 가치보다 비싼 가격을 주고 NFT를 구입할 위험성에 노출된다.

또 NFT는 정부나 공신력 있는 기관에서 인증하는 대상이 아니다. 특정 기업이나 경매 업체 등 민간에서 기술을 활용하고 있는 수준이다. 이렇다 보니 구매한 NFT에 문제가 생겨 법으로 해결하려고 할 때 상당히 복잡한 과정을 거칠 가능성이 높다. 새로운 기술을 활용하는 첨단 분야는 항상 법보다 응용이 빠르다. 그만큼 초기 참여자들은 위험(리스크)을 고스란히 떠안으며 활용에 나설 수밖에 없는 것이 현실이다.

특히 NFT는 원본과 복사본을 구분할 수 있는 기술일 뿐이다. 원본이라는 사실은 증명할 수 있어도 법적으로 소유권까지는 증명하지 못한다. 즉 NFT로 만들었다고 해서 복제품이 만들어지지 않거나 저작권 침해로부터 안전한 것은 아니다. 오프라인에서 예술작품을 구입하면 원본 작품과 함께 원본 증명서, 저작권을 포함한 소유권까지 모두 함께 따라온다. 이런 특성 때문에 NFT를 구매해도 해당 예술작품을 독점적으로 사용할 수가 없다. 심지어 창작자가 예술작품 NFT에 저작권과 소유권을 모두 포함해서 판매해도 이를 구입한 구매자는 저작권법에 의해 사용권에 제한을 받을 수 있다. 현재의 저작권법에는 NFT와 같은 유형의 콘텐츠에 대한 적절한 규정이 없기 때문이다. 지금은 NFT 아트를 구매하는 사람들이 이를 활용하기보다 단순히 디지털 자산으로서의 가치로 접근하고 있어서 사용권 이슈가 무시되고 있는 편이다. 하지만 실질적인 가치로 사람들이 돌아선다면 사용권이 매우 중요해질 수 있다. 제도적인 보완이 시급한 이유다.

위험해도 NFT에 주목해야 하는 이유

이와 같은 위험성에도 불구하고 NFT에 주목해야 할 필요가 있다. 사람들은 다이아몬드 보석이 비싸다는 사실에 대해 동의를 하든 그렇지 않든 인정한다. 시장이 그렇게 움직이기 때문이다. 하지만 만약 사람들이 다이아몬드의 가치를 무시하기 시작한다면 튤립 버블과 같은 상황이 발생할 수 있다. 다이아몬드는 실질적 가치보다는 희소성에 기반해서 공급자 중심으로 가치가 만들어지고 있기 때문이다. 다이아몬드는 오랫동안 시장으로부터 가치를 인정받고 있다. 이처럼 NFT도 새로운 시장을 형성해 지속 가능할 가능성은 충분하다.

메타버스와 NFT의 성장으로 모든 게임 속 게임 머니가 실제 현실에서와 같은 가치를 부여받을 가능성이 높아지고 있다. 지금은 가상현실이라고 모두 인식하며 현실과 구분 짓고 있지만, 앞으로 몇 년 뒤 또는 몇십 년 뒤에는 가상현실이 곧 실제 현실과 똑같아질 수 있기 때문이다. 마치 인터넷처럼 말이다.

지금은 인터넷이 현실에서 중요한 한 부분으로 작용하고 있다. 인터넷이 없는 세상은 상상할 수조차 없다. 현실에서 사람이 직접 만나서 하던 거래가 지금은 인터넷을 활용하며 비대면으로 변화하고 있다. 인터넷이라는 20세기 기술이 인류에게 새로운 세상을 만들어주고 있다. 지금은 인터넷에 익숙하기 때문에 인터넷으로 세상이 달라졌다는 이야기가 너무 뻔한 이야기처럼 들린다. 인터넷은 일반인이 널리 이용하기 시작한 지 30년도 되지 않은 기술이다. 1990년대 초만 해도 현재와 같은 인터넷 세상은 상상조차 할 수 없었다.

신종 코로나바이러스 감염증(코로나19)으로 인해 대면 활동이 대폭 감소하고, 인터넷 시장이 크게 성장하고 있다. 메타버스가 현실과 가까워지면 가까워질수록 가상현실 속 활동이 현실 활동을 대체할 가능성도 높아진다. 아직은 NFT가 어떤 세상을 우리에게 가져다줄지 예상하기는 쉽지 않다. 튤립 버블처럼 꺼지게 될지, 아니면 인터넷처럼 새로운 일상생활의 하나로 자리 잡게 될지는 더 지켜봐야 한다. 그 답은 NFT가 인류에게 주는 가치가 무엇인지에 따라 달라질 것으로 보인다.

단백질 구조 예측 인공지능 알파폴드

강규태

포스텍 생명과학과를 졸업하고 서울대학교 과학사 및 과학철학 협동과정에서 석사학위를 받았다. 현재 같은 과정의 박사과정에서 생명과학철학·심리철학 분야를 공부하고 있다. 생명과학이 인간의 마음에 대해 어떤 것을 알려줄 수 있는지에 대해 관심이 있는데, 특히 '인간의 마음은 어떻게 외부 대상을 가리키는가'라는 철학적 질문에 대해 과학 지식을 통해 답하고자 공부하고 있다.

인공지능이 단백질 구조도 예측한다고?!

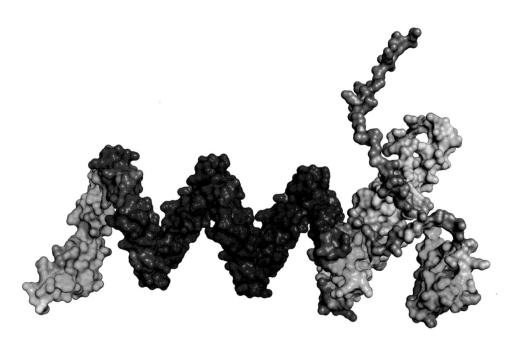

알파폴드에 의해 예측된
징크 핑거 단백질의 구조.

구글의 인공지능 담당 자회사인 딥마인드는 최근 단백질 구조 예측 인공지능 '알파폴드2'로 36만 5천 개 이상의 단백질 구조를 예측하는 데 성공하고, 이 데이터를 과학자들이 사용할 수 있도록 공개했다. 딥마인드가 공개한 단백질 구조 데이터에는 사람의 유전체에 기록된 단백질 2만여 개 중 98.5%가 포함됐고, 그 밖에도 쥐, 초파리, 대장균처럼 생명과학 연구에 주로 쓰이는 생물 20종의 단백질 정보도 포함됐다.

단백질의 구조를 알아내면 그 단백질의 특징을 예측할 수 있어,

신약의 영향을 평가하거나 새로 발견한 효소의 특성을 파악할 수 있게 되는 등 의학 및 생명과학 연구에 큰 도움이 된다. 그동안 과학자들은 X선 결정학이나 핵자기공명법 등을 이용해 단백질 구조를 직접 분석하거나 컴퓨터 계산으로 구조를 예측했지만, 오랜 시간이 걸리거나 정확도가 떨어졌다. 딥마인드의 알파폴드2는 이런 상황을 극적으로 바꾸었다. 기존 컴퓨터 계산과는 비교할 수도 없이 빠르고 정확하게 단백질 구조를 예측할 수 있게 된 것이다.

알파폴드2는 2020년 12월 '단백질 구조 예측 학술대회(CASP)'에서 최고점을 기록했는데, 한 과학자가 "내 생애 안에 이런 성과를 볼 수 있게 될 줄 몰랐다"고 말할 정도로 놀라운 성과였다. 딥마인드 연구팀은 2021년 내로 지금까지 알려진 단백질의 절반 이상인 1억 3000만 종류의 단백질 구조를 알아낼 계획이라고 밝혔다. 단백질 구조를 예측하는 일이 왜 이렇게 중요한지, 알파폴드가 의학 및 생명과학 발전에 어떻게 기여할지 자세히 알아보자.

단백질이란 무엇인가?

단백질은 거의 모든 생명 현상에 관여하는 중요한 물질이다. 지금까지 과학자들이 알아낸 단백질의 종류는 약 2억 가지에 달하며, 사람 몸에 있는 단백질만 해도 수만 가지에 달한다. 단백질은 이렇게 다양한 종류가 존재하는 만큼 기능도 다양하다. 우선 우리 몸에서 일어나는 다양한 화학 반응을 촉진하는 효소들이 대부분 단백질로 이뤄져 있다. 예를 들어 우리가 섭취하는 음식물을 잘게 분해해 몸속에 흡수될 수 있게 하는 소화효소, DNA를 복제해 유전정보를 유지할 수 있게 하는 DNA 중합효소 등이 모두 단백질로 이루어져 있다. 그리고 근육의 주성분도 단백질이고, 피부를 탄력 있게 만드는 '콜라겐'도 단백질의 일종이다. 게다가 머리카락, 손톱, 발톱처럼 단백질의 일반적인 이미지와 크게 다른 신체 부위도 사실 '케라틴'이라는 단백질로 이뤄져 있다. 심지어 딱

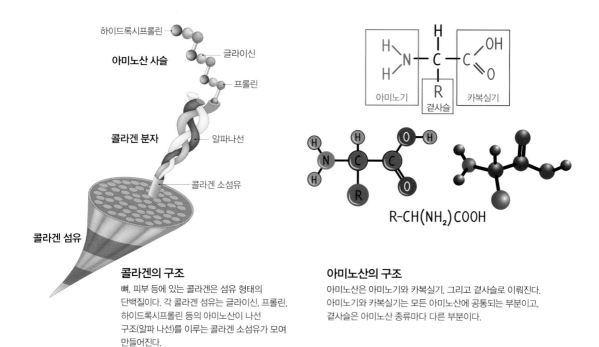

콜라겐의 구조
뼈, 피부 등에 있는 콜라겐은 섬유 형태의
단백질이다. 각 콜라겐 섬유는 글라이신, 프롤린,
하이드록시프롤린 등의 아미노산이 나선
구조(알파 나선)를 이루는 콜라겐 소섬유가 모여
만들어진다.

아미노산의 구조
아미노산은 아미노기와 카복실기, 그리고 곁사슬로 이뤄진다.
아미노기와 카복실기는 모든 아미노산에 공통되는 부분이고,
곁사슬은 아미노산 종류마다 다른 부분이다.

딱한 돌 같은 뼈도 단백질을 상당량 포함하고 있다. 그 밖에도 몸에 침
입한 세균과 바이러스를 물리치는 항체, 적혈구에 포함되어 산소를 운
반하는 역할을 하는 헤모글로빈, 세포 안팎으로 물질이 드나들 수 있게
해주는 세포막의 통로도 단백질이다. 많은 호르몬도 단백질로 이뤄져
있는데, 혈당량을 조절하는 역할을 하는 호르몬인 인슐린이 대표적인
예이다.

피부에 탄력을 주는 콜라겐과 머리카락의 주성분인 케라틴이 둘
다 단백질의 일종이라는 점에서 알 수 있듯이, 단백질은 그 종류마다 성
질이 크게 다르다. 단백질의 종류와 성질이 이렇게 다양할 수 있는 이
유는, 단백질이 '아미노산'이라는 비교적 작은 분자들이 다양한 방식으
로 이어진 분자이기 때문이다. 우리 몸의 단백질은 20가지 종류의 아미
노산으로 이뤄져 있다(엄밀히 말하면 몇 종류의 아미노산이 더 있지만,
양이 매우 적기도 하고 20가지 아미노산에서 약간 변형된 형태에 불과
한 경우가 많기 때문에 보통 20가지 종류라고 이야기한다). 이 20가지
의 아미노산이 어떤 순서로, 몇 개가 이어졌는지, 그리고 어떤 모양으로

20가지 아미노산 구조

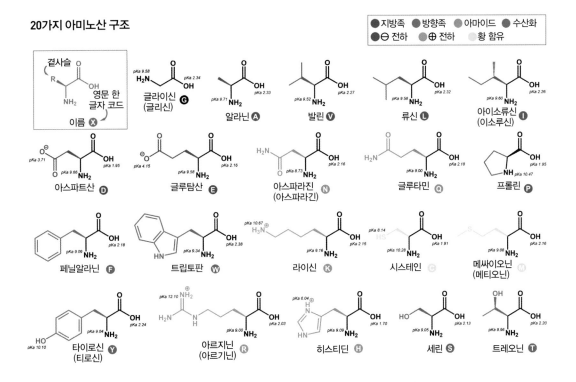

접혀 3차원 구조를 만드는지에 따라 말 그대로 무한한 종류의 단백질이 존재할 수 있다.

단백질 구조는 네 가지 차원으로 구분

단백질은 대개 복잡한 3차원적 구조를 이루고 있으며, 구조는 그 단백질의 기능과 깊은 관련이 있다. 예를 들어 탄수화물을 분해하는 소화효소인 아밀레이스는 탄수화물 분자의 일부분과 모양이 꼭 맞는 홈이 있어서, 그 홈에 탄수화물 분자의 해당 부분이 결합하면 탄수화물을 분해한다. 물질을 나르는 역할을 하는 단백질은 사람의 다리와 비슷한 구조를 포함하고 있어서 마치 사람이 걷는 것처럼 이동하며, 속에 구멍이 뚫린 원통형 단백질은 세포 안팎으로 물질이 이동하는 통로 역할을 한다. 이처럼 단백질의 구조는 그 단백질의 기능을 이해하는 열쇠이다.

과학자들은 단백질의 구조를 네 가지 차원으로 구분한다. 먼저 1차 구조는 아미노산이 일렬로 이어진 아미노산 서열이다. 즉 1차 구조는 어떤 아미노산이 어떤 순서로 몇 개 이어져 있는지를 뜻한다. 2차 구조는 쭉 이어진 아미노산 사슬의 일부가 규칙적으로 입체적 형태를 나타내는 것이다. 가장 대표적인 2차 구조는 알파 나선, 베타 병풍 구조이다. 3차 구조는 아미노산 사슬 전체가 복잡하게 접혀서 이루는 3차원(입체) 구조를 뜻한다. 3차 구조를 갖추면 비로소 그 단백질은 알맞은 기능을 할 수 있게 된다. 따라서 3차가 단백질 구조에서 가장 핵심적인 차원이라고 할 수 있다. 또한 4차 구조는 3차 구조를 이룬 단백질 여러 개가 모여 복합체를 이룬 것을 뜻한다.

단백질의 1차 구조

펩타이드 결합
아미노산1의
카복실기(COOH)와
아미노산2의 아미노기(NH₂)가
만나 펩타이드 결합을 이룬다.

단백질의 1차 구조는 어떤 아미노산이 어떤 순서로 몇 개 이어졌는지를 뜻한다. 아미노산 분자는 아미노기($-NH_2$)와 카복실기($-COOH$)를 포함하고 있는데, 한 아미노산의 아미노기와 다른 아미노산의 카복실기가 만나면 서로 결합할 수 있다. 그래서 첫 번째 아미노산

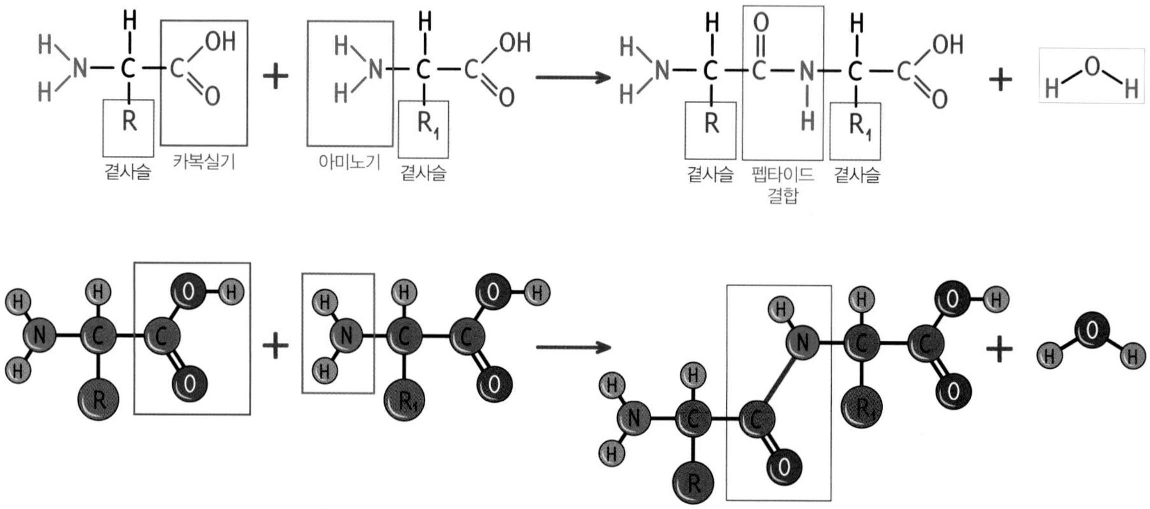

의 카복실기가 두 번째 아미노산의 아미노기와 결합하고, 두 번째 아미노산의 카복실기는 세 번째 아미노산의 아미노기와 결합하는 방식으로 여러 아미노산이 일렬로 이어질 수 있다. 이렇게 아미노산들이 일렬로 결합한 것을 흔히 '아미노산 사슬'이라고 부르고, 아미노산 사슬에 포함된 아미노산의 순서를 '아미노산 서열'이라고 부른다.

아미노산 서열은 최종적으로 완성되는 단백질의 구조에 큰 영향을 준다. 각각의 아미노산은 서로 다른 성질을 가지고 있어서 어떤 성질을 띤 아미노산이 어떤 순서로 결합하느냐에 따라 단백질의 구조가 달라지기 때문이다. 예를 들어 아스파라진, 글루탐산, 글라이신 등의 아미노산은 물에 가까이 가려는 성질인 친수성을 띠고, 류신, 페닐알라닌, 타이로신 등은 물에서 멀어지려는 성질인 소수성을 띤다. 그래서 한 단백질 내에서 친수성 아미노산들이 이어진 부분은 물로 차 있는 세포 내에서 바깥쪽으로 향해 물과 닿게 되고, 소수성 아미노산들이 이어진 부분은 안쪽으로 접혀 들어가 물과 닿지 않게 된다. 그 밖에도 아미노산 분자의 크기와 모양 등이 단백질 구조에 영향을 준다.

단백질의 아미노산 서열 정보는 유전자에 저장되어 있다. 유전자는 DNA라는 물질로 이뤄져 있는데, DNA가 아미노산 서열에 대한 정보를 전달할 수 있는 이유는 DNA에 일종의 글자 역할을 하는 요소

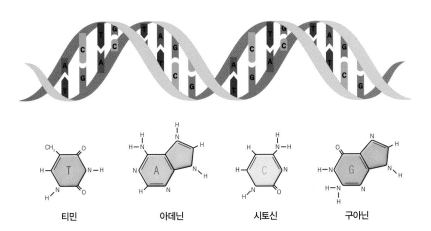

DNA 구조
DNA는 네 가지 염기로 이뤄져 있다. 네 가지 염기는 아데닌(A), 구아닌(G), 시토신(C), 티민(T)이다.

티민   아데닌   시토신   구아닌

단백질 구조

단백질의 네 가지 구조. 1차 구조는 아미노산 사슬이고, 2차 구조는 알파 나선 구조, 베타 병풍 구조처럼 여러 단백질에 공통으로 나타나는 구조이며, 3차 구조는 3차원 입체 구조를 말하고, 4차 구조는 단백질 복합체를 뜻한다.

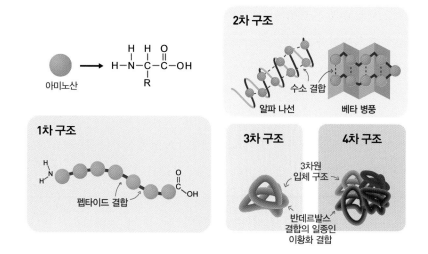

가 있기 때문이다. 단백질이 수많은 아미노산이 이어진 구조로 되어 있듯이, DNA도 뉴클레오타이드라는 분자가 쭉 이어진 구조로 되어 있다. 그리고 하나의 뉴클레오타이드는 디옥시리보오스에 인산기와 염기가 결합한 구조로 되어 있다. 이 중 염기는 아데닌(A), 티민(T), 구아닌(G), 시토신(C)의 네 가지 종류가 있는데, 이 염기들이 글자 역할을 한다. 그리고 뉴클레오타이드가 세 개 결합해 염기가 세 개 연달아 나열되면 특정 아미노산을 의미하는 '단어'가 된다. 예를 들어 T 염기를 가진 뉴클레오타이드, A 염기를 가진 뉴클레오타이드, C 염기를 가진 뉴클레오타이드가 모여서 TAC 순서로 결합한 DNA가 되면, 이 TAC라는 DNA 서열은 메싸이오닌이라는 아미노산을 뜻하는 단어가 된다. 마찬가지로 세 뉴클레오타이드가 AAG 순서로 이어져 있으면 이것은 페닐알라닌이라는 아미노산을 뜻하는 단어가 된다. 그리고 두 단어가 연달아 놓여서 TACAAG가 되면, 메싸이오닌과 페닐알라닌이 순서대로 이어져야 한다는 뜻이 된다. 이런 방식으로 DNA 서열이 길게 이어지면 그에 따라 아미노산 사슬의 서열도 지정되는 것이다.

DNA의 서열 정보는 DNA와 유사한 분자인 'RNA'에 전달되고, RNA는 세포 내에서 단백질을 합성하는 세포소기관인 리보솜으로 이동한다. 그리고 리보솜은 RNA에 저장된 서열 정보를 읽고 그에 따라 아미노산을 순서대로 이어붙인다. 이런 과정을 통해 하나의 아미노산 사슬이 만들어진다.

단백질의 2차 구조

만들어진 아미노산 사슬은 아미노산의 성질에 따라 접혀서 복잡한 구조를 형성한다. 그런데 여러 단백질에서 공통적으로 나타나는 비교적 규칙적인 구조도 있다. 그러한 구조를 '2차 구조'라고 부른다.

대표적인 2차 구조로는 알파 나선(α-helix)이 있다. 알파 나선은 말 그대로 아미노산이 나선 형태를 이루도록 배열된 구조이다. 알파 나선이 잘 형성되는 이유는 나선 구조의 내부에서 '수소결합'이 최적화되기 때문이다. 수소결합이란 한 분자의 수소 원자와 다른 분자의 산소 원자 사이에 생기는 비교적 강한 결합이다. 알파 나선을 이루는 아미노산들은 나선 내부에서 수소결합으로 서로 강하게 이어져 있기 때문에 이 구조는 상당히 안정적이다. 단, 모든 아미노산 서열이 알파 나선 구조를 만들지는 못한다. 알파 나선을 잘 만드는 아미노산의 종류는 정해져 있다. 예를 들어 아미노산 중 글루탐산, 세린, 트레오닌 등이 많이 포함되어 있으면 알파 나선 구조가 잘 형성되지 않는 경향이 있고, 알라닌, 아르기닌, 류신 등이 많이 포함되어 있으면 잘 형성되는 편이다.

다른 대표적인 2차 구조로는 베타 병풍(β-sheet)이 있다. 베타 병풍 구조는 아미노산 사슬이 서로 나란히 배열되어, 병풍 모양을 이룬 것이다. 발린, 아이소류신, 페닐알라닌 등이 베타 병풍 구조를 잘 형성하는 아미노산이다.

단백질의 3차 구조

2차 구조가 아미노산 사슬의 일부분이 작은 구조를 형성한 것이라면, 3차 구조는 아미노산 사슬 전체가 복잡하게 접혀 3차원 입체 구조

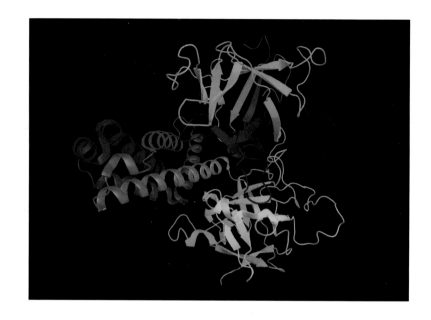

단백질(리아노딘 수용체)의 3차 구조. 알파 나선(주황색, 빨간색 나선)과 베타 병풍(파란색, 초록색, 노란색 화살표) 구조의 위치를 강조해 그린 그림이다.

를 형성한 것이다. 3차 구조는 단백질의 기능에 매우 중요한 역할을 한다. 1차 구조는 단순히 아미노산이 쭉 이어진 것에 불과하고, 2차 구조에는 부분적으로 입체적인 모습이 나타나지만, 이것 자체로는 특별한 기능을 하지는 않는다. 그런데 아미노산 사슬 전체가 접혀 3차 구조를 형성하면, 그 구조에 따라 단백질이 여러 가지 기능을 할 수 있게 된다.

단백질의 3차 구조를 결정하는 요인에는 여러 가지가 있다. 물론 가장 중요한 것은 1차 구조, 즉 아미노산 서열이다. 앞서 언급했듯이, 20종류의 아미노산은 각기 크기, 모양, 화학적 성질이 다르다. 그래서 어떤 아미노산들끼리는 서로 가까워지려고 하는 반면, 어떤 아미노산들끼리는 서로 멀어지려고 한다. 그리고 물 쪽에 가까워지려는 아미노산도 있고, 물에서 멀어지려는 아미노산도 있다. 이런 성질들의 상호작용을 통해 단백질 내에서 아미노산의 위치가 결정된다. 아미노산 중 시스테인은 3차 구조를 형성하는 데 특히 중요한 역할을 한다. 시스테인은 황(S) 원자를 포함하고 있는데, 한 시스테인의 황과 다른 시스테인의 황이 결합할 수가 있다. 그래서 시스테인들끼리 멀리 떨어져 있는 경우에도 서로 결합하면서 주변의 아미노산들을 같이 끌어당기기도 한다.

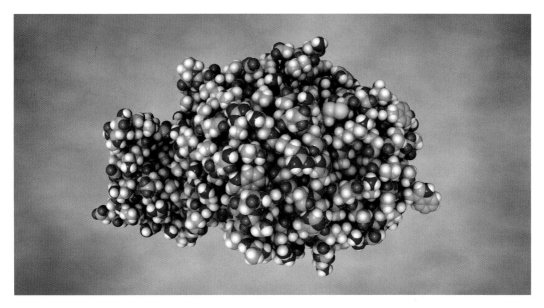

아밀레이스의 3차 구조.
알파 나선, 베타 병풍의
위치보다는 개별 원자들의
위치를 강조해 그린 그림이다.

    대개 아미노산 사슬은 세포 안에서 저절로 접혀 3차 구조를 형성하지만, 그렇지 않은 경우도 많다. 그리고 저절로 접혀서 3차 구조를 형성하는 단백질도 때로는 잘못 접혀 엉뚱한 모양이 되기도 한다. 이렇게 저절로 3차 구조를 형성하지 못하는 단백질이나 잘못 접힌 단백질이 올바른 3차 구조를 형성하기 위해서는 분자 샤페론(molecular chaperone)이라는 다른 단백질의 도움이 필요하다. '샤페론'은 도우미 또는 보호자를 의미하는데, 분자 샤페론은 말 그대로 다른 단백질의 3차 구조 형성을 돕는 단백질 분자이다.

    분자 샤페론에도 여러 가지 종류가 있다. 예를 들어 'Hsp70 족'에 속하는 분자 샤페론은 아미노산 사슬에 결합해 아미노산 사슬이 꼬이지 않게 도와준다. 아미노산 사슬은 수많은 아미노산이 길게 연결된 형태이기 때문에 마치 실이 꼬이듯 꼬이면서 정상적인 3차 구조를 형성하지 못하기도 한다. 이런 일을 방지하기 위해 Hsp70 족 분자 샤페론이 아미노산 사슬에 결합해 모양을 잡아주는 것이다. 한편, 'Hsp60 족'에 속하는 분자 샤페론은 잘못 접힌 아미노산 사슬이 다시 제대로 접히도록 도와준다. Hsp60 족 분자 샤페론은 마치 원통처럼 생겼고, 뚜껑 역할을

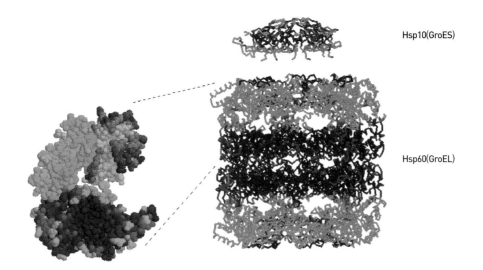

분자 샤페론 Hsp60과 Hsp10
© http://www.tulane.edu/~biochem/
med/hsp.htm

하는 Hsp10 단백질도 따로 있다. 그래서 제대로 접히지 않은 불량 아미노산 사슬이 이 Hsp60 샤페론 단백질 속으로 들어갈 수 있다. 불량 아미노산 사슬이 들어가면 Hsp10이 덮이고, 그 속에서 아미노산 사슬의 잘못 접힌 부분이 잡아 당겨져 다시 펴진다.

아미노산 서열뿐만 아니라 주변 온도도 단백질 구조에 영향을 끼친다. 계란을 가열하면 투명했던 흰자가 하얗게 변하거나 고기를 가열하면 익는 것 등이 모두 열에 의해 단백질 구조가 변해서 생기는 현상이다. 대부분의 단백질은 특정 온도에서 기능을 가장 잘하고, 그 온도를 벗어나면 구조가 변하면서 원래의 기능을 상실한다. 예를 들어 우리 몸의 단백질은 36.5℃ 부근에서 가장 잘 기능하는데, 여기서 조금만 벗어나도 기능이 크게 떨어진다. 체온이 35℃ 이하로 내려가는 저체온증이나 40℃ 이상으로 올라가는 고열이 위험한 이유도 36.5℃를 벗어나면 생명 유지에 필수적인 단백질의 구조가 변해 기능이 떨어지기 때문이다. 다른 생물은 그 생물이 주로 사는 환경에서 잘 기능하는 단백질을 가지고 있다. 예를 들어 온천처럼 매우 뜨거운 환경에서 사는 호열성 세균의 단백질은 온도가 100℃ 가까이 되는 환경에서 오히려 잘 기능한다.

한편, pH도 단백질의 구조에 영향을 준다. 예를 들어 우리 몸의 위에서 작용하는 소화효소인 펩신은 산성 환경에서 잘 기능하지만, 염기성 환경에서는 잘 기능하지 못한다. 그래서 펩신은 염산이 분비되어 강한 산성 환경인 위에서 음식물을 활발히 소화시킬 수 있는 구조가 된다. 다행히 위에는 점막이 있어, 펩신이 우리 자신의 위를 소화하지는 못한다. 그리고 장은 산성 환경이 아니기 때문에 펩신이 장으로 넘어가면 더 이상 기능을 하지 못한다. 우리 장이 우리 자신의 펩신에 의해 소화되지 않는 이유가 바로 이 때문이다.

단백질의 4차 구조

어떤 단백질은 여러 개가 모여서 하나의 커다란 복합체를 이루기도 한다. 이렇게 여러 단백질이 모여서 나타나는 구조를 단백질의 4차 구조라고 한다. 우리 몸에서 산소를 운반하는 역할을 하는 단백질인 헤모글로빈이 4차 구조를 형성하는 대표적인 단백질이다. 사람의 혈액에는 보통 $1\mu L$(마이크로리터, $1\mu L$=100만분의 1L)에 500만 개 정도의 적혈구가 있고, 한 적혈구는 2억 8천만 개 정도의 헤모글로빈을 포함하고 있다. 하나의 헤모글로빈은 네 개의 글로빈(globin) 단백질이 결합한 형태이다. 각각의 글로빈 단백질은 철 원자를 하나씩 가지고 있는데, 철 원자 하나당 산소 분자 하나가 결합한다. 그래서 글로빈 네 개로 이루어진 헤모글로빈에는 철 원자가 네 개 포함되어 있고, 따라서 헤모글로빈 하나가 산소 분자를 네 개 운반할 수 있다. 또한 각 글로빈에 산소가 결합하면 다른 글로빈의 구조도 조금씩 변한다. 그래서 몇 개의 글로빈이 산소와 결합했는지에 따라, 나머지 글로빈과 산소의 친화력이 달

헤모글로빈의 4차 구조. 빨간색, 파란색으로 나눠서 칠해진 부분이 각각 하나의 글로빈이다.
© Zephyris/wikipedia

라진다.

단백질 구조와 기능의 관련성을 보여주는 사례

여러 번 언급했듯 단백질의 구조는 그 단백질 특유의 기능을 발휘하는 데 굉장히 중요한 역할을 한다. 단백질의 구조와 기능 사이의 밀접한 연관성을 잘 보여주는 예는 키네신 단백질이다. 키네신 단백질은 세포 속에서 물질을 운반하는 역할을 한다. 우리 몸에서 일어나는 생명 현상은 대개 화학 반응이다. 그러므로 몸속에서 꼭 필요한 곳에 꼭 필요한 화학물질이 있어야 하며, 이는 세포 하나하나 안에서도 마찬가지이다. 그래서 세포 안에서 적절한 위치로 각종 물질을 옮기는 '짐꾼' 역할을 하는 단백질들이 많이 있는데, 그중 한 가지가 바로 키네신이다.

키네신은 길쭉하게 생긴 단백질인데, 한쪽 끝에는 '팔'이 달려 있고 다른 쪽 끝에는 '다리'가 달려 있다. 키네신의 팔은 운반해야 하는 다른 물질에 달라붙는다. 더 흥미로운 것은 다리 쪽이다. 키네신은 마치

미세소관에서 이동하고 있는 키네신. 파란 공 모양은 키네신이 운반하고 있는 소낭(vesicle)이고, 소낭 안에 옮겨야 할 물질이 들어 있다.

사람이 두 다리를 번갈아 가며 걷는 것과 매우 비슷한 방식으로 '걷는다'. 키네신의 한쪽 다리에 에너지가 공급되면, 그 다리가 들렸다가 앞으로 이동한다. 그다음 다른 쪽 다리에 에너지가 공급되면, 다른 다리가 들렸다가 앞으로 이동한다. 이렇게 두 다리가 번갈아 가면서 이동하는 모습을 보면, 키네신이 마치 두 다리를 이용해 걷는 것처럼 보인다. 키네신의 한 '걸음'은 약 10억분의 8m라고 알려져 있다. 이처럼 키네신의 다리처럼 생긴 구조는 정말로 다리와 비슷한 기능을 한다.

키네신은 아무 곳에서나 이동하는 것이 아니라 정해진 길을 따라서 이동한다. 이렇게 키네신의 길 역할을 하는 것은 '미세소관'인데, 미세소관은 튜불린이라는 단백질로 이루어져 있다. 미세소관은 알파 튜불린과 베타 튜불린 두 종류의 단백질이 가운데 축을 감싸듯이 이어져 기다란 원통 형태를 이루고 있다. 미세소관의 기본적인 기능은 세포의 모양을 유지하는 것이다. 세포는 언뜻 보기에는 그냥 액체가 차 있는 주머니 같이 생겼는데, 실제로는 미세소관이 세포 곳곳에 뻗어 있어 일정한 모양을 유지하고 있다. 그리고 미세소관이 세포 곳곳에 뻗어 있는 덕분에 키네신과 같은 분자가 미세소관을 따라 세포 곳곳으로 이동할 수 있다. 이렇듯 미세소관은 기다란 구조 덕분에 뼈대 기능과 물질 수송 도로 기능을 할 수 있는 것이다.

한편 키네신이 다리로 걸을 때 필요한 에너지는 ATP(adenosine triphosphate, 아데노신3인산)라는 분자에서 나온다. ATP는 에너지를 생산하는 곳에서 에너지를 저장하고, 에너지가 필요한 다른 곳으로 보낼 때 사용되는 분자이다. 비유하자면 전기 에너지를 저장하는 배터리나, 석유가 가득 들어 있는 드럼통과 같은 역할을 하는 분자라고 할 수 있다. 그런데 에너지를 생산하고 ATP에 저장하는 역할을 하는 단백질인 ATP 합성효소는 굉장히 독특한 구조로 되어 있다. ATP 합성효소에는 '터빈' 역할을 하는 구조가 있어서 발전

키네신

미세소관을 따라 이동하며 소낭을 옮기는 키네신의 모식도. 미세소관은 알파 튜불린과 베타 튜불린 두 종류의 단백질이 가운데 축을 감싸듯이 이어져 기다란 원통 형태를 이루고 있다.

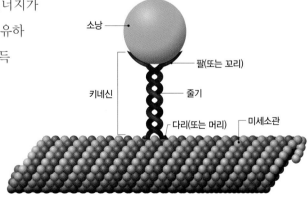

소낭

팔(또는 꼬리)

줄기

키네신

다리(또는 머리)

미세소관

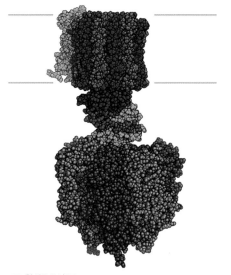

ATP 합성효소의 구조.
윗부분의 원통 모양 구조가
터빈 역할을 한다.
© Alex.X/wikipedia

소와 매우 비슷한 방식으로 에너지를 생산한다. 예를 들어 수력발전소에서는 물의 흐름을 이용해 터빈을 돌리고, 터빈이 돌아가는 에너지를 전기 에너지로 저장하는데, 이와 마찬가지로 ATP 합성효소는 수소 이온의 흐름을 통해 터빈을 돌리고, 터빈이 돌아가는 에너지를 ATP에 저장한다. ATP 합성효소 역시 에너지 생산이라는 기능에 적합한 구조로 되어 있는 것이다.

단백질 구조를 알아내기 위한 노력

이렇듯 단백질의 구조와 기능 사이에 밀접한 관련이 있으므로, 과학자들은 단백질의 구조를 밝혀내기 위해 많은 노력을 기울인다. 단백질의 구조를 밝히기 위해 과학자들이 주로 쓰는 방법은 단백질에 X선을 쏘아 X선 산란 패턴을 분석함으로써 구조를 알아내는 X선 결정학, 자성을 이용해 구조를 알아내는 핵자기공명법(NMR) 등이다. 이렇게 X선 결정학이나 NMR 등을 이용해 과학자들이 직접 구조를 알아낸 단백질은 10만 종 정도이다. 하지만 지금까지 알려진 전체 단백질 종류가 2억 가지라는 점을 감안하면 그 수가 너무 적다.

그래서 과학자들은 컴퓨터를 통해 아미노산 서열에서 단백질 구조를 예측하는 방법을 개발해 왔다. 각각의 아미노산들끼리의 상호작용을 분석해, 그 아미노산들이 길게 이어진 사슬이 어떻게 접힐지 예측하는 것이다. 이런 방식으로 한다면 직접 X선 결정학이나 NMR을 이용한 실험을 하지 않더라도 아미노산 서열을 지정하는 DNA 서열을 통해 단백질의 구조를 알 수 있다.

문제는 컴퓨터를 사용한 계산으로 구조를 예측하는 데에도 너무 많은 시간과 비용이 필요하다는 점이다. 왜냐하면 단백질이 많게는 수만 개의 아미노산으로 이루어져 있는데, 그 수만 개의 아미노산 각각이 서로 어떤 영향을 끼치는지 계산해야 하기 때문이다. 게다가 각 아미노산이 다른 아미노산에 끼치는 영향이 여러 가지가 있고, 한 아미노산 사슬이 접힐 수 있는 방식에도 여러 가지가 있다는 점이 필요한 계산량을 늘린다. 그래서 컴퓨터를 이용한 예측 방법을 동원해도 단백질 구조를 알아내기 쉽지 않았고, 설상가상으로 정확도도 많이 떨어졌다.

'게임 체인저' 알파폴드의 등장

이런 상황에서 인공지능을 이용해 단백질 구조를 예측하는 혁신적인 방법이 등장했다. 바로 딥러닝을 통해 기존 단백질 구조를 학습하여 새로운 아미노산 서열에서도 단백질 구조를 예측할 수 있는 인공지능 알파폴드(AlphaFold)이다. 이런 기술을 개발한 곳은 구글(Google)의 자회사로 인공지능 개발을 담당하는 딥마인드(Deep Mind)이다. 딥마인드는 최정상급 바둑기사인 이세돌과의 바둑 대결에서 4:1 승리를 거두며 전 세계적으로 커다란 충격을 안긴 알파고(AlphaGo)를 만든 회사로 잘 알려져 있다.

알파폴드의 기본 원리는 알파고와 동일한 딥러닝(deep learning)이다. 딥러닝은 수많은 데이터를 인공지능에 학습시켜 그 데이터에 드러나는 패턴을 인공지능이 인식하게 하는 기술이다. 알파고의 경우 프로 바둑 기사들이 두었던 바둑 기록 데이터를 입력받아 학습했다. 마찬가지로 알파폴드는 단백질 정보 은행(Protein Data Bank)에서 단백질의 아미노산 서열과 최종 구조에 대한 17만 개의 자료를 입력받았다. 그래서 아미노산 서열에 따라 단백질의 구조가 어떠할 것이라는 패턴을 파악하게 되고, 새로운 아미노산 서열이 입력됐을 때 그 단백질의 구조를 예측할 수 있게 된 것이다. 거기에 더해 알파폴드에는 텐션 알고리듬(tension algorithm)이라는 기술도 사용됐다. 텐션 알고리듬은 작은 부분의 구조를 먼저 예측한 뒤 각 부분을 결합해 더 큰 부분의 구조를 예측하는 기술이다. 딥러닝과 텐션 알고리듬의 결합으로 알파폴드의 예측

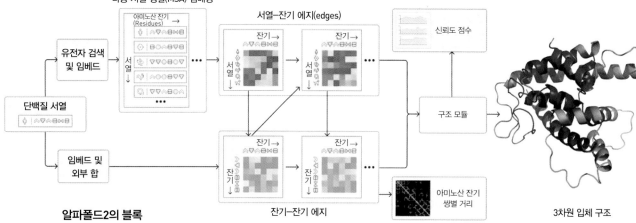

진화적으로 관련된 단백질 서열에 대한
다중 서열 정렬(MSA) 임베딩

서열-잔기 에지(edges)

신뢰도 점수

유전자 검색
및 임베드

단백질 서열

임베드 및
외부 합

구조 모듈

아미노산 잔기
쌍별 거리

잔기-잔기 에지

3차원 입체 구조

알파폴드2의 블록 디자인

주요 신경망 모델 아키텍처의 개요. 이 모델은 진화적으로 관련된 단백질 서열과 아미노산 잔기 쌍에 대해 작동하며, 구조를 생성하기 위해 둘 사이에 정보를 반복적으로 전달한다.

© DeepMind

능력은 비약적으로 향상됐다.

알파폴드는 기존의 단백질 구조 예측 방식에 비해 훨씬 빠르고 정확하다. 기존 방식대로 단백질 하나의 구조를 알아내려면 몇 개월 이상 소요되며, 매우 복잡한 단백질의 경우 여러 가지 방식을 한꺼번에 동원해도 몇 년이 걸리기도 한다. 그런데 알파폴드는 아미노산 서열이 주어지면 고작 몇십 분만에 단백질 구조를 예측해낼 수 있다. 게다가 그 결과는 과학자들이 실험을 통해 알아낸 구조와 90% 이상 일치할 정도로 정확하다. 심지어 몇몇 과학자가 10년에 걸쳐 연구했음에도 정확하게 알아내지 못한 단백질 구조를 불과 30분 만에 알아내기도 했을 정도이다.

알파폴드가 기존의 예측 방식보다 얼마나 뛰어난지는 '단백질 구조 예측 학술대회(CASP)'의 기록에서 잘 드러난다. CASP는 2년에 한 번 개최되는 대회로, 참가팀들에게 100가지 정도의 아미노산 서열을 제시하고 그 아미노산 서열에서 단백질의 구조를 예측하게 한다. 참가팀들이 컴퓨터로 단백질 구조를 예측해 제출하면, 실제 실험 결과와 비교하여 점수를 매기고 우승팀을 결정한다. 알파폴드가 등장하기 전까지 만족할 만한 성적을 낸 팀은 거의 없었다. 컴퓨터 예측이 90점을 넘어야 직접 실험한 것과 비슷한 수준의 정확도라고 평가받는데, 비교적 최근인 2006년부터 2016년까지의 우승팀들조차도 평균 30~40점 정도밖에 내지 못했다. 그런데 2018년에 공개된 알파폴드1은 평균 60점 가까운 점수를 냈고, 불과 2년 뒤 2020년에 공개된 알파폴드2는 평균 90점에 가까운 점수를 냈다. 다른 모든 팀을 압도하는 점수였다.

딥마인드는 알파폴드2 개발과 관련된 정보를 과학자들에게 무료로 공개해 누구나 단백질 구조 예측 프로그램을 만들 때 사용할 수 있도록 했다. 그리고 알파폴드2를 통해 예측한 단백질 구조 데이터베이스를 공개했다. 알파폴드 공개 이전까지 과학자들이 직접 실험을 통해 밝혀낸 사람의 단백질 구조는 1%에 불과한데, 알파폴드2는 98.5%의 구조를 예측했다. 딥마인드는 그 정보를 데이터베이스 사이트에 올려놓아 누구나 이용할 수 있게 했다. 공개된 자료에는 그 밖에도 쥐, 초파리, 대장균처럼 생명과학 연구에 주로 쓰이는 생물 20종의 단백질 정보도 포함되어 있다. 2021년 8월 말에 딥마인드는 알파폴드를 이용해 이미 약 35만 가지의 단백질 구조를 새롭게 예측해냈다고 밝혔다. 그리고 몇 달 안에 1억 가지 이상의 구조를 예측하고 그 정보를 공개할 계획이라고 한다.

알파폴드2 어디까지 활용될까

물론 알파폴드2의 성능이 아직 완벽한 것은 아니다. 우선 알파폴드2가 구조를 밝혀낸 단백질은 대부분 그리 복잡하지 않은 단백질이었다. 그런데 다른 단백질과는 비교도 되지 않을 정도로 복잡한 단백질도 많다. 그런 복잡한 단백질의 경우에도 알파폴드2가 제대로 작동할지는 아직 미지수이다. 그리고 실제로 알파폴드2로 구조를 밝혀내기를 시도했으나, 결국 구조를 상당히 잘못 예측한 단백질도 있었다. 또한 여러 단백질이 모여 4차 구조를 이루는 단백질의 경우에도 알파폴드2의 예측은 정확하지 않았다.

딥마인드의 CEO 데미스
허사비스
© Duncan.Hull/wikipedia

하지만 긍정적인 점은 2년 전에 발표된 알파폴드1에 비해 성능이 엄청나게 향상됐다는 점이다. 알파폴드2의 현재 성능이 만족스럽지 않다고 평가하는 과학자들도 이 정도 속도로 성능이 향상된다면 머지않아 문제없이 이용할 수 있는 수준에 다다를 것이라고 보고 있다. 그리고 일정 성능에 도달한 뒤 딥마인드 측에서 개발을 그만둔 알파고와 달리 알파폴드는 개발을 계속할 가능성이 높다. 알파고는 바둑 외에는 직접적으로 기여할 수 있는 분야가 없지만, 알파폴드는 의학과 생명과학 분야의 발전에 크게 이바지할 수 있기 때문이다. 딥마인드의 CEO인 데미스 허사비스(Demis Hassabis)가 알파폴드는 현재까지 인공지능이 과학의 발전에 가장 크게 기여한 사례라고 자평한 것은 이런 맥락에서 나왔다고 볼 수 있다.

이미 알파폴드2 활용 계획이 있는 분야도 있다. 일회용 플라스틱을 분해하는 효소에 대한 연구가 그것이다. 원래 플라스틱은 자연 상태에서 분해되는 데 수백 년이나 걸린다. 그런데 몇몇 세균은 플라스틱을 분해하는 효소를 가지고 있어서, 과학자들은 이 효소를 플라스틱 분해에 이용할 방법을 찾고 있다. 알파폴드2로 단백질 구조를 파악하기 쉬워진다면, 이런 효소에 대해 자세히 연구하고 더 효율적으로 기능하도록 개량하는 데 도움이 될 수 있다.

그리고 알파폴드2가 각종 유전 질환 치료제 개발에도 이용될 계획이라고 알려져 있다. 많은 유전 질환은 몸에서 구조가 변형된 단백질이 쌓이면서 생기는데, 왜 이런 변형 단백질이 생기는지는 불명확한 경우가 많다. 만약 이런 유전 질환과 관련된 여러 단백질의 구조를 정확하게 알아낸다면 적절한 해결책을 찾아내는 데 도움이 될 수 있다.

또한 신속한 단백질 구조 예측은 신종 전염병이 출현했을 때 대응책을 세우는 데도 도움이 될 수 있다. 신종 전염병을 일으키는 바이러스나 세균이 가지고 있는 고유의 단백질 구조를 일찍 밝혀내면, 그 구조에 효과적으로 작용하는 치료제나 백신을 빠르게 개발할 수 있다. 실제로 딥마인드는 코로나19 유행 초기에 당시에는 알려지지않았던, 코로나19 바이러스의 단백질 구조를 예측했다고 밝혔다. 그때에는 알파폴드2가 공개되기 전이었기 때문에 이 정보가 코로나19 유행 극복에 직접적인 도움은 되지 못했지만, 추후 발생할 전염병 극복에는 단백질 구조를 신속하게 예측할 경우 많은 도움이 될 것이라고 기대해 본다.

탄소중립

한세희

연세대 사학과와 연세대 국제학대학원을 졸업했다. 전자신문 기자를 거쳐 동아사이언스 데일리뉴스팀장을 지냈다. 기술과 사람이 서로 영향을 미치며 변해 가는 모습을 항상 흥미진진하게 지켜보고 있다. 『어린이를 위한 디지털과학 용어사전』, 『과학이슈11 시리즈(공저)』 등을 썼고, 『네트워크 전쟁』 등을 우리말로 옮겼다.

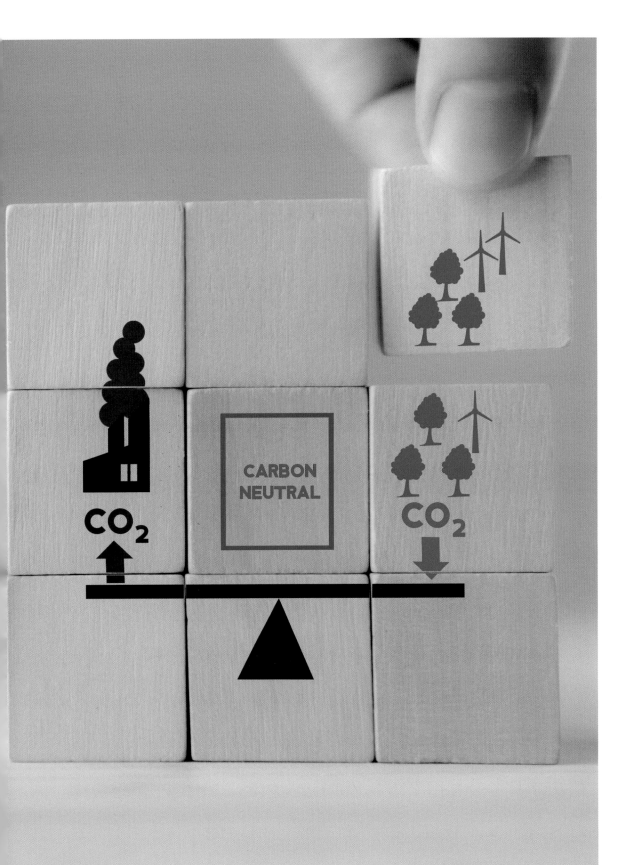

탄소중립을 달성하려면?

　　기후변화는 오늘날 인류가 직면한 가장 큰 문제 중 하나로 간주된다. 인류는 산업화의 편리함과 기후의 위기를 맞바꾼 셈이다.

　　18세기 들어 산업혁명이 일어나고 과학기술의 발전과 함께 산업화가 본격적으로 이루어지면서 인류는 이전의 역사와는 비교할 수 없는 큰 성취와 풍요를 누리게 됐다. 쉴 새 없이 돌아가는 공장은 더 좋은 제품을 더 많이, 더 싸게 사람들에게 안겨주었고, 발전소에서 나오는 전기는 어둠을 밝히는 전등과 새로운 가전제품을 돌리는 에너지가 됐다. 세계를 누비는 자동차와 비행기, 선박은 세계를 하나의 생활권으로 만들었다. 대량으로 사육되는 가축은 인류를 식량 부족에서 건져주었다.

　　하지만 대가도 있었다. 화학물질과 중금속 등에 의한 환경 오염이 심해졌다. 썩지 않는 쓰레기와 폐기물이 쏟아져 나왔다. 무엇보다 지구 전반의 기후가 영향을 받았다. 석탄, 석유 등 탄소 자원에 기반한 인간 활동으로 대기 중 이산화탄소 농도가 높아졌고, 지구 온난화를 일으켰다. 기후가 교란되면서 빙하가 녹고, 이상 고온이나 한파가 예고 없이 몰아닥쳤다. 변화된 환경에 수많은 동식물종의 삶의 터가 흔들렸다.

인류가 지금과 같은 사회의 작동 방식을 유지하면 탄소는 더 많이 배출되고 지구의 온도는 더 올라간다. 기후변화는 예고된 재앙이다. 인류는 이 위기를 넘을 수 있을까? 우리는 무엇을 해야 할까?

탄소중립은 무엇이고, 왜 필요한가?

기후변화를 막으려면 지구 기온 상승을 막아야 하고, 기온 상승을 막으려면 탄소 배출을 줄여야 한다. 탄소 배출을 충분한 수준으로 줄이고, 배출된 탄소는 흡수하거나 제거해 탄소의 영향을 최소화한 상태가 이상적인 기후 미래라 할 수 있다. 이런 미래 모습을 명료하게 보여주고, 행동의 목표를 제시하는 개념이 탄소중립(carbon neutrality)이다.

2018년 인천 송도에서 열린 제48차 IPCC 총회에서 채택된 '지구 온난화 1.5℃' 특별보고서. ⓒ IPCC

탄소중립은 배출하는 만큼의 탄소를 흡수하거나 제거해 실질적 탄소배출량을 0으로 만든다는 개념이다. 더하고 빼고 나면 모두 상쇄되어 0이 된다는 의미에서 '넷 제로(Net-Zero)'라는 영어 표현을 쓰기도 한다. 인간 활동에 의해 배출되는 온실가스 양과 여러 방법을 통해 흡수되는 온실가스 양이 균형을 이뤄 대기 중 이산화탄소 농도가 늘어나지 않는 상태를 말한다.

국제사회가 기후 위기를 막기 위해 좀 더 구체적인 지구 온도 상승 폭 억제 목표에 합의함에 따라, 이를 가능하게 할 탄소중립에 대한 관심도 커지고 있다. 2015년 UN 기후변화 회의에서 채택된 파리협정은 지구 온난화로 인한 기온 상승 폭을 산업화 이전에 비해 2℃ 이하로, 가능하면 1.5℃ 이하로 막기 위해 노력한다는 내용을 담고 있다. 지구 온도가 2℃ 상승하면 폭염, 한파 등 자연재해가 극심해질 것으로 예상된다. 기온 상승을 1.5℃ 이하로 막으면 빈곤에 취약한 인구가 수억 명 줄고, 물 부족에 노출되는 인구는 최대 50% 감소할 전망이다. 생물다양성과 생태, 식량안보, 경제성장 등에 대한 위험이 대폭 줄어든다.

이런 인식을 바탕으로 각 나라는 온실가스 감축 목표를 자체적으

전 세계 지역별 연간 탄소 배출량(2017년 기준)

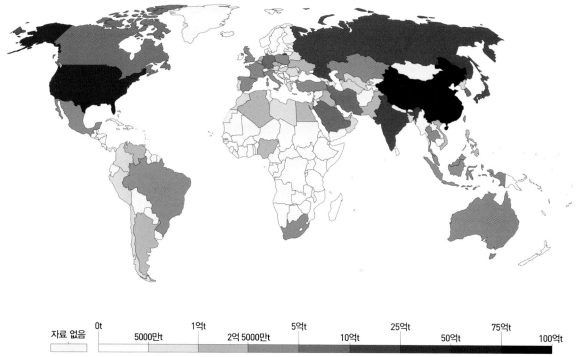

자료 없음	0t	1억t	5억t	25억t	75억t
	5000만t	2억 5000만t	10억t	50억t	100억t

ⓒ 글로벌 탄소 프로젝트, 이산화탄소정보분석센터(CDIAC)

로 정해 이를 달성하고자 실천해야 하며, 국제사회는 이행 여부를 공동 검증하기로 했다. 파리협정은 모든 당사국이 2050년까지의 장기 저탄소발전전략(Long-term low greenhouse Emission Development Strategies, LEDS)을 수립해 2020년까지 제출하도록 했다.

이후 2018년 인천 송도에서 열린 '기후변화에 관한 정부 간 협의체(IPCC)' 총회에서 좀 더 구체적 방향이 나왔다. IPCC는 2100년까지 평균온도 상승폭을 1.5℃ 이내로 제한하려면 2030년까지 이산화탄소 배출량을 2010년보다 최소 45% 이상 감축해 2050년 전후 탄소중립을 달성해야 한다는 경로를 제시했다. 상승폭 2℃를 목표로 하는 경우, 2030년까지 이산화탄소 배출량을 2010년에 비해 25% 감축하고, 2070년경 탄소중립을 달성해야 한다.

탄소중립을 달성하기 위해서는 이산화탄소 배출을 줄이는 한편,

이미 배출된 이산화탄소를 제거하는 작업이 필요하다. 탄소 배출을 줄이려면 기존 발전 방식을 친환경 신재생 에너지로 전환하고, 산업 및 교통, 농축산 분야 등에 저탄소 기술을 개발해 보급해야 한다. 탄소를 제거하기 위해서는 광합성으로 이산화탄소를 흡수하는 나무를 많이 심는 자연적 방법, 탄소포집 기술 개발 등이 대책으로 꼽힌다.

세계 주요 국가들은 탄소중립을 이루기 위한 정책과 기술 개발에 나서고 있다. 우리 정부도 2021년 9월, 2050년까지 탄소중립을 달성한다는 탄소중립기본법을 공포하고 온실가스 감축 목표를 강화하면서 탄소중립에 속도를 내고 있다. 기업들 역시 탄소 배출을 줄이기 위한 노력을 강화하는 추세다.

우리나라의 목표는 2050년 탄소중립

"국제사회와 함께 기후변화에 적극 대응하여, 2050년 탄소중립을 목표로 나아가겠습니다."

2020년 10월 국회 시정 연설에서 문재인 대통령이 한 말이다. 우리나라가 탄소중립에 대한 구체적 목표 시한을 처음 밝힌 순간이다. 이로써 우리나라도 앞서 탄소중립을 선언한 70여 개 국가에 합류하게 됐다.

문 대통령은 이어 11월 열린 국무회의와 G20 정상회의에서도 "기후위기 대응은 선택이 아닌 필수"라면서, "2050 탄소중립은 산업과 에너지 구조를 바꾸는 담대한 도전이다. 한국은 탄소중립을 향해 나아가는 국제사회와 보조를 맞추고자 한다"고 말하며 탄소중립에 대한 의지를 밝혔다.

이후 우리나라 정부는 관련 정책을 계속 내놓으며 탄소중립을 위한 준비를 한 걸음씩 이어가고 있다. 우선 같은 해 12월 정부는 '2050 탄소중립 추진전략'을 발표했다. 탄소중립과 경제성장, 삶의 질 향상이라는 3마리 토끼를 잡는다는 목표로 경제구조 저탄소화, 저탄소 산업생태계 조성, 탄소중립 사회로의 공정전환 등 3대 정책 방향을 제시했다.

국내 온실가스 배출량 부문별 비중

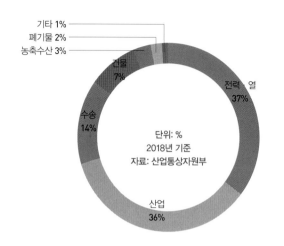

기타 1%
폐기물 2%
농축수산 3%
건물 7%
전력·열 37%
수송 14%
산업 36%

단위: %
2018년 기준
자료: 산업통상자원부

산업별 온실가스 배출 비중

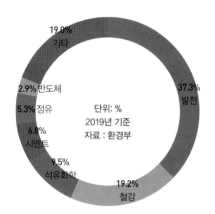

19.0% 기타
2.9% 반도체
5.3% 정유
6.8% 시멘트
9.5% 석유화학
37.3% 발전
19.2% 철강

단위: %
2019년 기준
자료 : 환경부

탄소를 적게 배출하는 경제구조를 만들기 위해서 에너지 공급원을 화석 연료에서 신재생에너지로 빠르게 전환하고, 철강산업이나 석유화학산업처럼 탄소 배출량이 많은 산업의 친환경 기술 개발을 지원한다는 계획을 밝혔다. 전기차, 수소차 등 친환경 차량의 생산과 보급을 확대하고, 신규 건물은 에너지를 적게 쓰는 제로에너지 건축을 의무화한다. 저탄소 산업생태계를 구축하기 위해 차세대 전지와 탄소 포집 및 활용·저장(CCUS) 핵심 기술을 확보하고 친환경 수소 생산을 늘린다. 또 친환경 저탄소 분야 유망 기술을 가진 기업을 발굴해 지원한다.

내연기관 자동차처럼 저탄소 사회에서 규모가 축소될 산업군에 대해서는 새로운 분야로 원활히 전환할 수 있도록 돕는다. 탄소배출권 거래제, 친환경 기업을 위한 녹색 금융처럼 저탄소 사회를 만들기 위한 제도적 장치도 정비한다.

또한 2050 탄소중립 추진전략과 함께 정부는 장기저탄소발전전략(LEDS)과 국가온실가스감축목표(Nationally Determined Contribution, NDC)를 새로이 국제사회와 공유했다. LEDS는 파리협정에 따라 각국 정부가 제출하기로 한 장기적 화석연료 의존 절감 계획이다. NDC는 각 국가가 온실가스 배출을 얼마나 줄일지 자발적으로

주요 6개 산업별 탄소중립 비용 추정치

※ 단, 자본 매몰비용 등은 미포함.

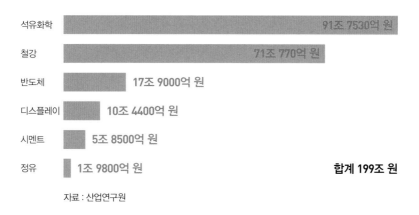

석유화학	91조 7530억 원
철강	71조 770억 원
반도체	17조 9000억 원
디스플레이	10조 4400억 원
시멘트	5조 8500억 원
정유	1조 9800억 원

합계 199조 원

자료 : 산업연구원

정해 UN 기후변화협약 사무국에 제출하는 계획이다. 파리협정 이전 2015년에 처음 각국이 제출했으며 2020년 생신안을 냈다.

우리나라 LEDS는 깨끗하게 생산된 전기·수소의 활용 확대, 디지털 기술과 연계한 혁신적인 에너지 효율 향상, 탄소 제거 등 탈탄소 미래기술 상용화, 순환경제 확대로 산업 지속가능성 제고, 탄소 흡수 수단 강화를 탄소중립의 5대 기본방향으로 제시했다.

이를 위해 화석연료 발전 위주인 현재의 에너지 공급 체계를 태양광과 풍력 등 신재생에너지와 친환경 그린수소 중심으로 전환하고, 이산화탄소 포집 기술을 적극 활용한다는 계획이다. 산업 분야에서는 탄소 배출량을 줄이기 어려운 철강산업이나 석유화학산업 같은 에너지 집약산업의 문제를 해결할 미래 신공정 기술 개발을 적극 지원한다. 인공지능, 사물인터넷(IoT), 빅데이터 기술 등을 활용해 공장과 산업단지를 스마트하게 만들어 에너지 효율을 높인다.

자동차, 항공기, 선박 등 수송수단이 내뿜는 이산화탄소를 줄이기 위해 전기차, 수소차처럼 전기와 수소를 동력으로 하는 친환경 수송수단을 확대한다. 자율주행 차량과 디지털 기반 교통 관리 시스템도 탄소중립에 기여할 수송 기술로 꼽힌다. 건물은 단열 기능을 강화하는 식으로 에너지 사용을 최소화하고, 건물 내 태양광이나 지열 시설을 활용해 에너지를 자급하는 수준에 이르도록 지원한다.

이와 함께 산림과 갯벌을 확대 조성해 자연에 의한 탄소 흡수량을 높일 계획이다. 나무는 광합성으로 이산화탄소를 흡수해 보관하는 역할을 한다. 갯벌에서도 연안에 분포하는 식물과 퇴적물 등의 생태계가 탄

부문별 감축 목표

(단위 : 백만톤CO_2eq)

구분	부문	기준연도 (2018년)	현(現) NDC (2018년 대비 감축률)	NDC 상향안 (2018년 대비 감축률)	주요 감축방안
배출량*		727.6	536.1(△26.3%)	436.6(△40.0%)	
배출	**전환**	269.6	192.7(△28.5%)	149.9(△44.4%)	석탄발전 축소, 신재생에너지 확대 등
	산업	260.5	243.8(△6.4%)	222.6(△14.5%)	철강 공정 전환, 석유화학 원료 전환, 시멘트 연·원료 전환 등
	건물	52.1	41.9(△19.5%)	35(32.8%)	제로에너지 건축 활성화 유도, 에너지 고효율 기기 보급, 스마트에너지 관리
	수송	98.1	70.6(△28.1%)	61(△37.8%)	친환경차 보급 확대, 바이오디젤 혼합률 상향 등
	농축수산	24.7	19.4(△21.6%)	18(△27.1%)	논물 관리방식 개선, 비료사용 저감, 저메탄 사료 공급 확대, 가축분뇨 질소저감 등
	폐기물	17.1	11(△35.6%)	9.1(△46.8%)	폐기물 감량 및 재활용, 바이오 플라스틱 확대 등
	수소	–	–	7.6	수전해 수소 기술개발·상용화 지원, 부생/ 해외수입 수소공급 확대
	기타 (탈루 등)	5.6	5.2	3.9	
흡수 및 제거	**흡수원**	−41.3	−22.1	−26.7	지속가능한 산림경영, 바다숲·도시녹지 조성
	CCUS	–	−10.3	−10.3	
	국외감축**	–	−16.2	−33.5	

*기준연도(2018년) 배출량은 총배출량, 2030년 배출량은 순배출량(총배출량−흡수·제거량)
**국내 추가감축 수단을 발굴하기 위해 최대한 노력하되, 목표를 달성하기 위해 보충적인 수단으로 국외감축 활용

소를 흡수하고 저장하는 작용이 일어난다. 서울대 김종성 교수 연구팀의 연구에 따르면, 우리나라의 갯벌은 연간 26만 톤의 이산화탄소를 흡수하는 것으로 나타났다. 이는 승용차 11만 대가 1년간 내뿜는 이산화탄소에 맞먹는 양이다. 또 현재 우리나라 갯벌이 저장하고 있는 탄소는 1300만 톤에 달하는 것으로 추산했다.

국가온실가스감축목표(NDC)와 2050 탄소중립 시나리오

우리나라는 NDC를 계속 상향하고 있다. 2015년 6월 처음 제출한 NDC는 2030년 탄소 배출량을 배출전망치보다 37% 감축하겠다는 목표를 제시했다. 배출전망치(Business As Usual, BAU)란 현재 상태에서 특별한 조치를 취하지 않을 경우 미래 어느 시점에 배출될 것으로 예상되는 온실가스 양을 말한다.

2018년에는 국내 감축 책임을 강화하고 국외 감축 활용을 축소하는 방향으로 계획을 수정했다. 국외 감축은 해외에서 탄소 저감에 기여하는 활동을 하고 이를 자국의 탄소 배출 저감 성과로 간주하는 것을 말한다. 2015년에는 국내 감축 25.7%, 국외 감축 11.3%의 목표를 세웠으나, 2018년 이를 국내 감축 32.5%, 국외 감축 4.5%로 변경했다. 전체 감축량은 37%를 유지했다.

이어 2019년에는 탄소 감축량 목표를 2030년 배출전망치 대비 37% 감소에서 2017년 배출량 대비 24.4% 감소로 변경했다. 두 경우 모두 2030년 배출 총량은 5억 3600만 톤으로 같다. 그래서 정부가 이를 '감축 목표 상향'이라고 표현하는 것에 대한 비판도 나왔다. 다만 배출전망치는 미래 추정치로서, 추산의 근거가 되는 가정이나 전제를 조정해 전체 수치를 조절할 수 있다는 문제가 있다. 반면 2017년 배출량은 이미 고정된 수치이기 때문에 탄소 감축 목표치 역시 고정되는 효과가 있다.

우리 정부는 이어 2021년 10월 NDC를 다시 상향 조정했다.

2017년 배출량 대비 24.4% 감축은 2018년 배출량 대비 26.3%에 해당하는데, 이를 2018년 대비 40% 감축으로 대폭 끌어올린 것이다. 정부는 중화학공업이 발달한 우리나라 산업구조나 탄소중립 목표 시한까지 시간이 많지 않다는 점 등을 생각하면 결코 쉬운 목표는 아니라면서 탄소중립 실현과 온실가스 감축을 위한 정부의 강력한 의지를 반영한 것이라고 설명했다.

2021년 10월 NDC 상향 조정과 함께 우리나라는 2050년 탄소중립에 이르는 과정과 미래 탄소중립 사회의 모습을 제시하는 로드맵 역할을 할 2050 탄소중립 시나리오도 함께 발표했다. 정부는 각계 전문가와 연구자 등이 참여한 탄소중립위원회를 구성해 탄소중립 시나리오를 만드는 작업을 해 왔다. 탄소중립위원회는 화력발전을 전면 중단하는 A 안과 화력발전을 일부 유지하되 탄소포집 등 탄소 제거 기술을 적극 활용하는 B 안 등 2개 시나리오를 승인했다. A 안은 재생에너지 비중을 70.8%로 높이고 전기차나 수소차 등 무공해 차량 보급률을 97%로 높인다는 내용을 담고 있다. B 안에서는 석탄발전은 중단하되 LNG 발전은 일부 유지하여 국내 배출량이 일부 남아 있는 미래를 제시한다. 무공해차 보급률은 85% 수준이다.

우리나라는 탄소중립 목표를 법제화한 '기후위기 대응을 위한 탄소중립·녹색성장 기본법(이하 탄소중립기본법)'도 제정해 2021년 9월 공포했다. 이 법은 기후위기에 대응하고 2050년 탄소중립을 달성하고자 노력하기 위한 법적 기반이 된다. 2050년 탄소중립을 국가 비전으로 명시하고, 이를 달성하기 위한 국가전략과 중장기 온실가스 감축 목표, 기본계획 수립 및 이행점검 등의 법정 절차를 체계화했다. 2030년 온실가스 감축 목표와 관련해 35% 이상 범위에서 사회적 논의를 시작하도록 법에 명시했다. 앞서 언급한 2021년 10월 NDC 상향도 이 같은 맥락에서 이뤄졌다.

또 과학기술정보통신부는 태양광 및 풍력, 수소, 바이오에너지, 탄소포집 등과 같이 탄소중립에 핵심적인 기술의 연구개발을 지원하기 위한 '탄소중립 기술혁신 추진전략'을 수립했다. 산업기술자원부는 탄소중립에 대응하기 위해 에너지 차관직을 신설하고, 탄소중립에 7조 원이 넘는 예산을 쏟을 계획이다.

탄소중립기본법 체계

총괄	비전 : 2050 탄소중립 + 환경·경제 조화			
	전략 · 목표 : 국가전략 + 중장기 온실가스 감축목표			
	이행 체계 : 탄소중립 녹생성장 기본계획(국가·시도·시군구)			
	온실가스 감축	**기후위기 적응**	**정의로운 전환**	**녹색성장**
분야별 시책	• 기후변화영향평가 • 탄소인지예산제도 • 배출권·목표 관리 • 탄소중립 도시 • 지역 에너지 전환 • 녹색건축·교통 • 흡수원·CCUS • 국제감축사업 • 종합정보관리	• 감시·예측 • 기후위기 적응대책 　(국가, 지방, 　공공기관) • 지역 기후위기대응 • 물 관리 • 녹색 국토 • 농림수산 전환 • 적응센터	• 사회안전망 • 특별지구 • 사업전환 • 자산손실 최소화 • 국민참여 • 협동조합 활성화 • 지원센터	• 녹색경제 • 녹색산업 • 녹색경영 • 녹색기술 • 조세제도 • 녹색금융 • 정보통신 • 순환경제
기반	탄소중립·녹색성장 이행 확산(자자체, 생산·소비, 녹색생활, 탄소중립 지원 센터 등)			
	기후대응 기금			

국내 온실가스 배출 감축 예상 그래프 단위 : 톤CO₂ 자료 : 2050 탄소중립위원회

●배출량 통계 　●정점 기준 선형감축 　●현 NDC 　●NDC상향안

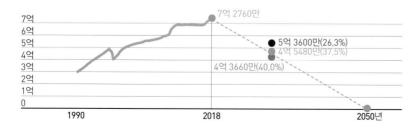

탄소중립을 위한 국제사회의 노력

　　미국은 기후변화 이슈에 부정적인 도널드 트럼프 전임 대통령 때 파리협정에서 탈퇴한 바 있다. 하지만 조 바이든 대통령이 취임하면서 다시 파리협정에 복귀하고 탄소중립 정책을 국가 어젠다의 하나로 강하게 밀어붙이고 있다. 바이든 대통령은 선거 공략으로 온실가스 감축, 친환경 인프라 투자, 친환경 일자리 창출처럼 기후변화에 대한 대책을 담은 '그린 뉴딜'을 내세웠다. 또 화석연료 사용에 세금을 매기는 탄소세와 탄소를 많이 배출하는 공정에 의해 생산된 상품에 관세를 부과하는 탄소국경세 시행도 공약했다.

　　바이든 행정부는 취임 직후인 2021년 1월 20일 파리협정에 복귀했다. 또 4년의 임기 동안 2조 달러를 투입하는 '청정에너지·인프라 계획'을 추진해 2050년 탄소중립을 달성하고 일자리 100만 개를 만든다는 계획이다.

　　이를 위해 관용 차량을 모두 전기차로 교체하는 식으로 정부 조달을 통해 300만 대 규모의 친환경 자동차를 사용할 계획이다. 전기차 충전소 50만 곳을 설치하고, 전기차 구매에 세금 혜택을 주는 내용도 포함됐다. 신재생에너지 확대 등을 통해 2035년까지 전기발전 부문의 탄소 배출을 제로로 만들고 교통, 수도, 건축물 등의 탄소 배출을 절감한다. 기후변화 관련 연구개발 프로젝트를 추진하는 범부처 연구기관 'ARPA-C(Advanced Research Projects Agency for Climate)'를 신설해 기후변화 관련 혁신 기술 개발을 지원한다.

　　유럽 역시 탄소중립에 적극적이다. 유럽연합(EU) 집행위원회(EC)는 2050년 탄소중립 달성을 골자로 한 '유럽 그린딜(Europe Green Deal)'을 2019년 발표했다. 2030년까지 탄소배출을 1990년 수준보다 최소 55% 이상 줄인다는 목표도 제시했다. EU 의회는 2020년 10월 이 목표를 60% 이상으로 상향했다.

　　유럽 그린딜은 신재생에너지 등 청정에너지 확대, 재활용과 지속

가능성에 중점을 둔 순환경제 강화, 자원효율적 건축과 지속가능한 수송 등에 초점을 맞췄다. 재생에너지 발전 비중을 지금의 32%에서 65%까지 높이고, 전기차를 확대해 교통 분야 재생에너지 비중을 2015년 기준 6%에서 24%까지 늘인다는 목표다.

일본 정부는 2019년 발표한 LEDS를 통해 2050년까지 온실가스 배출량을 현재의 80% 수준으로 줄이고, 21세기 후반까지 탄소중립을 실현한다는 목표를 제시했다. 비화석연료 전력발전 비율은 2017년 기준 19%에서 44%까지 높인다. 이어 2020년 10월에는 신임 스가 총리가 2050년 탄소중립 실현을 구체적으로 선언했다.

'세계의 공장' 중국은 2020년 9월, 2060년까지 탄소중립을 달성하겠다는 목표를 처음 제시했다. 이어 비화석연료 소비 비중을 지금의 16%에서 2030년 25%까지 끌어올리면서 2060년까지 에너지 효율을 선진국 수준으로 높이겠다는 계획을 밝혔다. 비화석연료 소비가 25% 수준에 이르면 국내총생산 단위당 이산화탄소 배출량은 2005년의 65% 수준으로 줄어든다.

EU의 탄소중립 달성 계획(1990~2050)

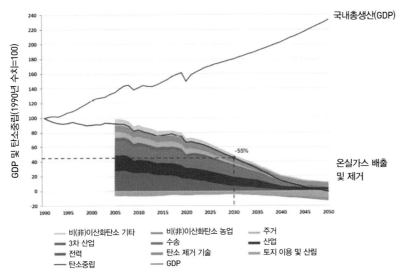

탄소중립 위해 탄소 배출을 줄여라

탄소중립의 가장 근본적 방법은 탄소 배출 자체를 줄이는 것이다. 화석연료 대신 태양광이나 풍력 등 신재생에너지를 사용하고, 내연기관 자동차 대신 전기차나 수소차 비중을 높이는 것이다. 또 건축물의 에너지 효율을 높이고 농축산업에서 발생하는 온실가스를 줄이며 재활용은 늘려야 한다. 앞서 소개한 우리나라를 비롯한 대부분 국가의 탄소중립 정책이 이런 내용을 기반으로 한 비슷한 대책을 제시하고 있다.

이들 분야가 탄소를 가장 많이 배출하는 분야이기 때문이다. IPCC의 2014년 자료에 따르면, 세계 전체 탄소 배출량 중 전력과 열 생산 부문이 25%, 농업과 산업이 각각 24%와 21%의 비중을 차지한다. 수송은 14%, 건물은 6%의 비중을 나타낸다. 우리나라의 경우 2019년 환경부 자료 기준으로 발전 부문이 37%, 철강과 석유화학 등 산업 부문이 43.7%를 차지한다. 중화학 제조업 비중이 높은 우리나라 산업 구조가 반영된 결과다.

이들 분야에서 탄소배출을 줄이려면 신기술과 소재, 공정 등에 대한 기술 혁신이 필수이다. 신재생에너지나 전기차 배터리 혁신을 위한 연구에 대해서는 그간 많이 거론됐으니, 여기서는 제철 산업 등 다른 탄소 고집적 산업 위주로 주요 기술 개발 흐름과 과제를 제시한다.

제철 산업은 탄소를 가장 많이 배출하고, 또 탄소 배출을 줄이기도 어려운 산업으로 꼽힌다. 제철 산업은 2019년 기준 전체 산업 부문이 배출한 탄소의 19.2%를 차지한다. 제철 공정 자체가 탄소를 많이 배출할 수밖에 없는 방식이기 때문이다.

광산에서 캔 철광석은 산화철(Fe_2O_3) 형태다. 거대한 용광로인 고로에 철광석과 석탄(코크스, $3CO$)을 넣고 1500℃ 이상 고온에서 녹이면, 일산화탄소(CO)가 나와 철광석에서 산소를 분리시키는 환원 반응이 일어나 철을 얻을 수 있다. 이때 부산물로 이산화탄소가 발생한다. 또 철광석이 녹을 정도로 고로를 뜨겁게 가열하는 연료로도 석탄이 쓰

일반 고로(용광로) 조업과 수소환원제철 공정의 비교

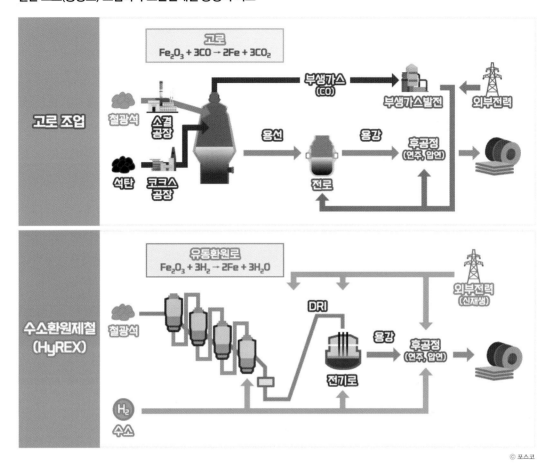

© 포스코

인다.

철강 제조 공정의 탄소 배출을 줄일 방법으로 주목받는 것이 석탄 대신 수소를 써서 환원을 일으키는 수소환원제철 기술이다. 환원 반응은 고열이 필요한 고로 대신 유동환원로에서 이뤄진다. 이렇게 되면 부산물로 탄소 대신 물이 나오고, 고로를 달구기 위한 석탄도 필요 없어져 탄소 배출을 줄일 수 있다. 다만, 공정에 쓰이는 수소를 만드는 데 전기가 많이 필요하고, 이 전기를 탄소 배출 없이 신재생에너지만으로 생산하는 그린 수소 기술의 발전이 필요하다.

정부 역시 수소환원제철 기술 개발을 지원할 계획이다. 탄소중립 시나리오에 따르면 2050년까지 국내 제철 공정은 100% 수소환원제철 방식으로 변경된다.

시멘트 생산 공정의 문제도 제철과 비슷하다. 시멘트 공정은 재료인 석회석(탄산칼슘)을 1400℃의 고온으로 가열해 반제품인 클링커(clinker)로 만드는 과정이다. 이 과정에서 탄산칼슘이 산화칼슘으로 바뀌면서 이산화탄소를 배출하며, 석회석을 고온으로 가열하는 데 또 화석연료가 쓰인다. 정부는 연료를 유연탄에서 폐합성수지나 바이오매스 등 친환경 소재로 전환하고, 석회석을 대체할 원료를 개발한다는 목표다.

석유화학 산업은 원료인 나프타에 들어 있는 탄소 성분이 부생가스나 폐가스 등으로 변환되면서 탄소 배출이 일어난다. 석유를 가열해 추출한 나프타는 모든 석유화학 제품의 기본 재료가 된다. 정부의 탄소중립 시나리오에 따르면 전기가열로와 바이오매스 보일러를 활용해 기존 연료의 57%를 전환하고, 석유 나프타를 대체하는 바이오 나프타 비중을 절반 이상으로 높인다.

배출되는 탄소를 포집하라

탄소 배출량 절감은 미래의 기후위기를 막기 위한 가장 좋은 방법이다. 하지만 앞으로 나올 탄소를 줄이는 것만으로는 2050년 탄소중립을 달성할 수 있을 정도로 탄소 농도를 줄이기 어려울 전망이다. 그래서 요즘 관심이 커지고 있는 기술이 탄소포집이다.

탄소포집은 배출되는 탄소를 붙잡아 따로 모아 땅속 깊은 곳에 저장하거나 재활용하는 기술이다. 이산화탄소를 대량 배출하는 큰 발전소나 공장, 플랜트에 설치되면 이산화탄소 배출량을 85~90%까지 줄일 수 있다. 이산화탄소를 배출하는 즉시 회수해 보관하고 필요한 경우 재활용한다.

탄소포집은 화석연료를 태운 후 나온 배기가스에 섞인 이산화탄소를 포집하는 연소 후 포집과 연료를 연소 전에 미리 처리해 이산화탄소를 처리하는 연소 전 포집, 두 가지로 크게 나눌 수 있다. 연소 후 포집에는 아민계 성분이나 탄산칼륨 등을 용액 형태의 흡수제로 사용하는 습식법, 고체 형태의 흡착제에 이산화탄소를 흡수하는 방법, 멤브레인 막을 통해 이산화탄소를 분리하는 방법 등이 있다. 연소 전 포집은 연료를 가스화해 일산화탄소와 수소를 만들고, 수성가스 전환 반응을 통해 일산화탄소를 수소와 이산화탄소로 전환하는 과정을 거친다. 분리된 이산화탄소는 포집해 저장한다.

분리된 이산화탄소는 파이프라인을 타고 저장소로 옮겨져 저장된다. 또는 석유 시추 공정의 효율을 높이기 위해 이산화탄소를 지반에 주입하거나 식음료 산업의 탄산제나 방부제로 사용하는 것처럼 다른 산업적 용도로 재활용할 수도 있다. 이런 방식은 산업 현장에서 새로 배출된 이산화탄소가 대기에 퍼지는 것을 막을 수 있다.

우리나라도 탄소포집 기술에 관심이 많다. 탄소중립 시나리오에서도 5510만t에서 최대 8460만t까지 탄소를 포집한다는 내용이 포함돼 있다. 과학기술정보통신부는 탄소포집 분야 연구개발 예산을 지금의 2배 수준인 연간 1,000억 원 이상으로 높이고, 2030년까지 14개의 상용화 제품을 내놓는다는 목표다. SK, 롯데, 현대중공업 등 주요 화학 및 중공업 기업들도 탄소포집 기술 개발과 사업화에 나섰다.

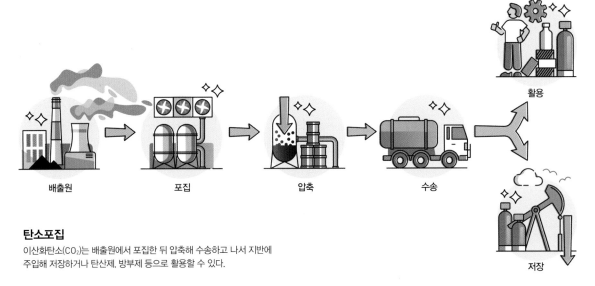

배출원　　포집　　압축　　수송　　활용　　저장

탄소포집
이산화탄소(CO_2)는 배출원에서 포집한 뒤 압축해 수송하고 나서 지반에 주입해 저장하거나 탄산제, 방부제 등으로 활용할 수 있다.

이미 배출된 탄소를 없애자

사실 대기 중에는 산업혁명 이후 오랜 시간 이미 이산화탄소가 쌓여 왔다. 이렇게 대기 중에 퍼진 탄소는 앞으로 수천 년은 더 대기에 머물며 온실 효과를 일으킬 것이다. 이미 배출되어 대기 중에 퍼져 있는 이산화탄소를 줄여야 하는 이유다. 이를 위한 기술이 '대기 중 직접 포집(Direct Air Capture, DAC)'이다. 거대한 팬으로 공기를 빨아들인 후 흡착제나 용매 등을 이용해 화학처리로 탄소를 분리한 뒤 탄소는 땅속에 저장하고 나머지 성분은 다시 대기로 내보내는 방식이다.

해외에서는 DAC 기술을 개발하는 스타트업들이 잇달아 등장했고, 실제 시설이 만들어져 가동되기 시작했다. 클라임웍스, 카본엔지니어링, 카본큐어, 참인더스트리얼 같은 기업이 대표적이다. 클라임웍스는 최근 아이슬란드에 연간 4000t의 이산화탄소를 포집할 수 있는 '오르카(Orca)' 플랜트를 가동했다. 분리한 이산화탄소는 물에 녹여 지하 400~800m에 있는 현무암층에 주입한 뒤 현무암 표면의 구멍에서 나온 칼슘 이온과 반응시켜 방해석으로 바꾸어 저장한다. 1000년 이상 저장할 수 있다. 암반 사이에 틈이 생기면 이산화탄소가 다시 빠져나가는 기존 저장법의 한계를 넘어설 수 있다. 카본엔지니어링은 2026년 가동을 목표로 영국 스코틀랜드와 미국 텍사스에 50만t 규모의 DAC 시설을 지을 계획이다.

글로벌테크 기업들은 이런 탄소포집 기술 스타트업의 후원자 역할을 하고 있다. 이들 테크 대기업 역시 탄소 배출 감축 목표를 세우고, 이의 일환으로 탄소 저감 기술을 가진 스타트업과 협력하고 있다. 클라임웍스의 오르카는 마이크로소프트의 자금 지원을 받아 건설됐다. 마이크로소프트는 2030년까지 지금까지 회사가 배출한 탄소보다 더 많은 탄소를 제거하는 '탄소 네거티브'를 달성한다는 목표를 갖고 있다. 2020년 10억 달러 규모의 기후혁신기금을 조성해 탄소포집과 제거 기술 개발을 지원하고 있다.

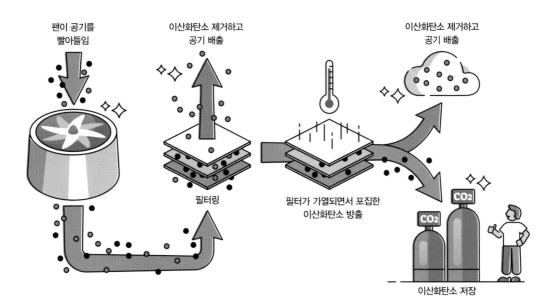

팬이 공기를
빨아들임

이산화탄소 제거하고
공기 배출

이산화탄소 제거하고
공기 배출

필터링

필터가 가열되면서 포집한
이산화탄소 방출

CO₂

CO₂

이산화탄소 저장

대기 중 직접 포집
거대한 팬으로 공기를
빨아들인 뒤 필터를 거쳐
이산화탄소(CO_2)를 분리해
저장하고 나머지 공기는
방출한다.

아마존은 20억 달러 규모의 '기후 서약 펀드(Climate Pledge Fund)'를 조성했는데, 이 펀드 기금을 투자한 회사 중에는 이산화탄소를 콘크리트에 주입해 이산화탄소를 저장하고 콘크리트 성능도 높이는 기술을 가진 카본큐어도 있다. 일론 머스크 테슬라 CEO는 과학 분야 연구개발을 지원하는 X프라이즈재단과 함께 획기적 탄소포집 기술을 개발한 연구자에 1억 달러의 상금을 주는 기술 개발 대회를 개최했다.

현재 DAC의 가장 큰 문제는 비용이다. 클라임웍스 CEO는 한 인터뷰에서 DAC 방식으로 이산화탄소 1t을 포집하는 비용이 500~600달러 수준이라고 말한 바 있다. 지구 온도 상승을 2℃ 이하로 막으려면 2050년까지 연간 100억t의 이산화탄소를 제거해야 할 것으로 추정된다는 점을 고려하면, DAC에 천문학적 비용이 든다는 이야기다.

현재 산업용 이산화탄소의 가격이 1t당

클라임웍스의 DAC 시설
오르카. ⓒ 클라임웍스

공기

CLIMEWORKS
Capturing CO₂ from air

이산화탄소 없앤 공기

이산화탄소

클라임웍스 오르카의 작동
원리 ⓒ 클라임웍스

100달러 정도인 점을 생각하면, 이산화탄소 포집 비용도 이 정도는 돼야 상업성이 있는 셈이다. DAC 산업이 지금보다 300배는 빠르게 성장해야 이 정도 비용을 맞출 규모를 이룰 수 있다는 연구도 있다. 상용화를 통해 규모의 경제를 이뤄야 하는 이유다. 카본엔지니어링 설립자이자 미국 하버드대 교수인 데이비드 키스는 DAC가 상용화 수준에 이르면 탄소 제거 비용이 1t당 94~232달러 수준으로 내려갈 것으로 전망하는 논문을 2018년 발표했다.

탄소중립을 둘러싼 논란

탄소중립을 위한 각국 정부와 기업들의 노력은 한편으로는 적잖은 논란의 대상이 되고 있기도 하다. 환경 단체들은 정부의 탄소중립 목표가 기후위기를 막기에는 충분하지 않다고 비판하는 반면, 산업계에서는 탄소중립이라는 명분 때문에 정부가 현실성 없는 감축 목표를 강요한다는 불만도 나온다.

탄소중립에 기여할 것으로 기대되는 각종 기술이 아직 검증되지 않았거나 상용화 수준에 이르지 못한 경우가 많은 것 또한 현실이다. 기후변화를 막아야 한다는 대의에는 대부분의 사람들이 동감하지만, 각론에서는 이견이 적지 않다.

이를테면 산업 현장에서 쓰이는 석탄이나 천연가스를 얼마나 전기로 대체할 수 있을지, 대체하는 데 시간이 얼마나 걸릴지 예측하기 힘들다는 전망도 만만치 않다. 제철 공정에서 탄소를 저감하기 위한 수소환원제철에 필요한 수소를 만들기 위해 오히려 더 많은 전기를 써야 할 수도 있다. 날씨의 영향을 많이 받아 전력 공급이 들쑥날쑥한 태양광, 풍력 등 신재생에너지가 대용량의 전기를 안정적으로 공급받아야 하는 산업계의 필요성을 채울 수 있을지 우려하는 목소리도 크다. 또 탄소 배출이 적으면서 효율도 높은 원자력 발전을 고사시킨 상태에서 아직 확립되지 않은 신재생에너지 비중을 높인다는 정부 계획에 대한 회의적 시선도 적지 않다.

탄소중립을 위한 기술 적용에 따른 비용과 각종 규제가 경제의 활력을 약화시켜 도리어 삶의 질을 떨어뜨릴 우려도 있다. 탄소중립 달성을 위한 시설 투자나 기술 적용에 드는 비용도 문제다. 산업연구원은 2050년 탄소중립을 달성하려면 석유화학, 철강, 반도체, 디스플레이, 시멘트, 정유 등 국내 6대 주요 산업에서 199조 원의 비용이 들 것으로 추산했다. 수소환원제철 설비 구축에 30조 원 이상 든다는 추산도 나온다.

한국경제학회가 소속 경제학자들을 대상으로 실시한 조사에 따르면, 경제학자들은 '전지구적 기후변화의 부작용 해결(32%)', '통상 압력에 대한 대응(29%)', '탄소감축 기술 투자를 통한 미래 성장동력 발굴(21%)' 등을 탄소중립 추구의 이유로 꼽았다. 2050 탄소중립 목표에 대해 우려로는 '탄소감축 기술의 비현실성 및 비경제성(35%)', '산업체의 비용 인상으로 인한 경쟁력 저하(15%)' 등을 꼽았다.

탄소포집 역시 기술 발전 속도나 효율을 생각할 때, 2050년 탄소중립 목표 달성의 주요 수단이 되기에는 한계가 있다는 비판도 나온다. 탄소포집과 관련해서 한 가지 더 생각할 것은 이 기술이 탄소 배출을 줄이려는 노력을 회피하려는 핑계가 될 수도 있다는 점이다. 신재생에너지 확산, 산업 현장에서의 저탄소 공정 기술 적용 등 근본적 해결책을 실천하려는 동기를 약하게 하고, 탄소 배출에 의존하는 기존 산업 구조와 삶의 방식을 유지하는 결과를 가져올 수도 있다는 주장이다.

기후위기를 막기 위한 탄소중립은 현시점 인류가 마주한 가장 중요한 도전 중 하나라는 것에 국제사회와 주요 기업, 학계와 산업계가 뜻을 함께하고 있다. 탄소중립을 달성하기 위한 시급한 노력의 필요성에도 뜻을 모으고 있다. 하지만 탄소중립은 사회 및 산업 구조, 사람들의 삶의 양식 등 모든 면에서 근원적 변화를 불러올 사안이라는 점에서 더 많은 고민과 좀 더 허심탄회한 협의도 필요하다 하겠다.

화성 탐사 경쟁

이광식

성균관대 영문학과를 졸업했고, 한국 최초의 천문잡지 《월간 하늘》을 창간해 3년여간 발행했다. '우주란 무엇인가?'를 화두로 「천문학 콘서트」를 펴낸 후, 「십대, 별과 우주를 사색해야 하는 이유」, 「잠 안 오는 밤에 읽는 우주 토픽」, 「별아저씨의 별난 우주 이야기」, 「우주 덕후 사전」, 「천문학자에게 가장 물어보고 싶은 질문 33」, 「50, 우주를 알아야 할 시간」 등을 내놓았다. 지금은 강화도 퇴모산의 개인관측소 '원두막천문대'에서 별을 보면서 일간지, 인터넷 매체 등에 우주·천문 관련 기사·칼럼을 기고하는 한편, 각급 학교와 사회단체 등에 우주특강을 나가고 있다.

인류는 '다행성 종족'이 될 수 있을까?

화성 탐사 로버 서비어런스가
스카이크레인에 의해
화성 표면에 착륙하는 상상도.
© NASA

인류는 '다행성 종족'이 될 수 있을까?

2021년 우주 관련 톱뉴스는 단연 미국의 화성 탐사선 '퍼서비어런스(Perseverance)'의 화성 착륙일 것이다. 2월 19일 미국항공우주국(NASA)의 퍼서비어런스는 화성 대기 진입에서 착륙에 이르는 '7분의 공포'를 극복하고, 화성의 고대 삼각주인 예제로 크레이터 바닥에 사뿐히 내려앉았다. 승합차 크기의 이 탐사 로버는 착륙 5분 뒤 처음으로 화성 표면 사진을 전송해왔다.

무려 27억 달러(한화 약 3조 원)를 투입한 NASA의 '화성 2020 미션'의 핵심인 퍼서비어런스는 2020년 7월 30일 미국 플로리다주 케이프커내버럴 공군기지에서 아틀라스-5 로켓에 실려 발사된 뒤, 204일 동안 약 4억 6800만km를 날아 화성에 도착했다. 퍼서비어런스의 착륙 성공으로 미국은 지금까지 모두 5기의 탐사 로봇을 화성에 착륙시킨 나라가 됐다.

미국에 이어 중국, 아랍에미리트도 화성으로

이 무렵 화성에 착륙한 것은 퍼서비어런스뿐이 아니었다. 석 달 뒤 중국의 화성 탐사선 '톈원(天問) 1호'가 화성 표면에 성공적으로 안착했다. 이로써 중국은 미국과 러시아에 이어 화성에 탐사선을 착륙시킨 세 번째 국가가 됐다. 톈원(天問)은 '하늘에 묻는다'라는 뜻으로, 중국 전국시대 초나라 시인 굴원(屈原)의 시 제목에서 따온 이름이다.

중국 최초 행성 간 미션의 주인공인 톈원 1호는 2020년 7월 23일 하이난 원창 우주발사장에서 중국 로켓인 '창정 5호'에 실려 발사됐다. 이후 197일 동안 지구—태양 간 거리의 약 3배인 4억 7000만km를 비행하면서, 지구·달 사진, 탐사선 '셀카', 세 차례 중간수정, 한 차례 심우주 기동 등 일련의 작업을 성공적으로 수행한 뒤 2021년 2월 화성 궤도에 도착했다.

톈원 1호는 착륙선(탐사 로버 포함)이 부착된 상태로 3개월 이상 화성 궤도를 돈 뒤 궤도선에서 분리되어 화성 대기에 진입했으며, NASA 탐사선이 화성 착륙을 시도할 때 경험한 '7분의 공포'와 비슷한 난관을 돌파한 끝에 화성 지표의 터치다운에 성공했다. 이로써 중국은 미국과의 패권 경쟁을 화성으로까지 확대한 모양새가 됐다.

중국의 화성 탐사선이 착륙한 곳은 화성 북부의 유토피아 평원이다. 지름 3300km의 유토피아 평원은 지표 아래 많은 양의 얼음이 있을 것으로 추정되는

중국의 화성 탐사선 톈원 1호. 궤도선, 착륙선, 탐사 로버로 구성돼 있다. ⓒ CNSA

아랍에미리트(UAE)의 화성
궤도선 '아말'의 화성 궤도
진입 상상도.
© Dubai Media Office

곳으로, 1967년 NASA의 바이킹 2호가 착륙한 곳이기도 하다. 톈원 1호의 착륙선과 탐사 로버는 화성의 토양과 지질 구조, 대기, 물에 대한 과학조사를 진행한다. 특히 탐사 로버는 중국 고대 신화에서 불의 신인 주룽(祝融)의 이름을 땄다. 태양전지판을 장착한 로버 주룽은 240kg 무게로 약 90일간 임무를 수행하도록 설계됐다.

2021년 화성 탐사에 뛰어든 나라는 또 있다. 바로 우주 탐사의 신입생 아랍에미리트(UAE)다. 처음으로 띄운 화성 탐사선 아말(Al Amal, 아랍어로 '희망'이란 뜻)이 멋지게 화성 궤도 진입에 성공함으로써 UAE는 세계에서 미국과 구소련, 유럽우주국(ESA), 인도에 이어 5번째로 화성 궤도 진입에 성공한 국가가 됐다.

세계는 왜 이처럼 화성 탐사에 열을 올리는 걸까? 그것은 태양계 내에서 인류가 개척할 수 있는 천체로 화성이 가장 유력하기 때문이다. 지구처럼 암석형 행성인 화성은 바로 이웃 행성인데다 자전축 기울기가 25.2°로 지구의 23.5°와 비슷해 지구처럼 사계절이 있다. 화성의 1년 길이, 곧 공전주기는 687일이며, 화성의 태양일(sol)은 지구보다 약간 길어서 24시간 40분이다. 이처럼 화성은 여러모로 지구와 많이 닮았지만, 지름이 지구의 반 남짓해서 중력이 지구의 40%밖에 안 된다.

이제껏 화성 궤도가 지구인의 우주선으로 이처럼 붐빈 것은 유례가 없던 일이다. 2021년은 인류가 '화성의 시대'가 활짝 열렸음을 선언한 해이자 인류의 우주 개척사에서 신기원을 연 해로 기록될 것이다.

인류의 관심을 한 몸에 받은 행성

예로부터 인류와 가장 가까운 천체는 해와 달을 비롯해 수성, 금성, 화성, 목성, 토성 이렇게 다섯 행성이었다. 옛사람들은 밤하늘에서 별들의 위치가 바뀌더라도 별들 사이의 상대적인 거리는 변하지 않는다는 사실을 알았다. 그래서 별은 영원을 상징하는 존재로 인류에게 각인됐다. 하지만 다섯 행성이 일정한 자리를 지키지 못하고 별들 사이를 유랑하는 것을 보고, 떠돌이란 뜻의 그리스어인 플라네타이(planetai), 곧 떠돌이별이라고 불렀다.

다섯 행성 중 유난히 인류의 관심을 끈 것은 단연 화성이었다. 그것은 주로 두 가지 이유 때문이다. 첫째, 화성은 밤하늘에 붉은빛으로 밝게 반짝여 쉽게 눈에 띈다는 점이다. 화성의 겉보기 등급은 1.6~3.0등급이며, 하늘에서 태양, 달, 금성, 목성 다음으로 가장 밝은 천체이다. 화성이 붉게 보이는 것은 화성 토양에 많이 섞여 있는 철 성분이 붉게 녹슨 탓이다.

다른 이유로는 기묘하게도 화성은 천구의 서쪽에서 동쪽으로 움직이는 듯이 보이다가 어느 순간 반대로 동쪽에서 서쪽으로 향하는 것처럼 보이는 역행운동을 한다는 점이다. 그러다가 얼마 후엔 이윽고 다시 방향을 틀어 동쪽으로 운행을 계속하는 것이다. 우리 눈에 공중제비를 도는 듯이 보이는 화성의 이 역행운동은 예로부터 수많은 천문학자의 머리를 싸매게 했던 불가사의한 현상이었다. 모든 천체가 지구를 중심으로 원운동 한다고 철석같이 믿고 있었던 그들로서는 이것이 화성 역시 지구처럼 태양 둘레를 공전하면서 빚어지는 현상임을 짐작조차 할 수 없었기 때문이다.

이처럼 일찍부터 인류의 관심을 끌었던 붉은 행성 화성을 그리스인은 전쟁의 신 이름을 따서 아레스(Ares)라고 불렀다. 로마에서도 이것을 번역해 화성을 마르스(Mars)라고 불렀고, 이는 지금까지 화성의 영어 이름으로 남아 있다. 오늘날 3월을 뜻하는 영어 단어(March)도 여기서 유래됐다. 동양권에서는 불을 뜻하는 화(火)를 써서 화성 또는 형혹성(熒惑星)이라 불렀다.

'화성의 저주' 극복한 화성 탐사 반세기의 기록

화성 탐사선 바이킹이 찍은 화성. 정면에 매리너 계곡이 보인다. 적도 근처에 있는 이 계곡은 행성을 가로지르며, 길이 4000km, 폭 200km에 깊이가 최대 8km나 된다.
© NASA

지금까지 인류의 우주 개척에서 가장 많은 시련과 좌절을 안긴 천체가 화성이다. 화성으로 보낸 많은 탐사선 중 몇몇은 대단한 성과를 거두었지만, 탐사의 실패율이 50%를 웃돌 정도로 매우 높았다. 실패 사례 중에는 명백한 기술적 결함에 따른 것들도 있었지만, 많은 경우 확실한 실패 원인조차 찾을 수 없었다. 이를 과학자들은 '화성의 저주'라 불렀다.

화성 탐사는 화성의 현재 상태와 화성의 자연사를 탐구하고 화성 생명체를 찾는 것을 주요 미션으로 한다. 하지만 화성 탐사에는 천문학적인 비용이 소요된다. 달까지 우주선을 보내는 것과는 차원이 다르다. 행성 간 여행에 따르는 갖가지 위험요소를 들자면, 발사 실패, 궤도 진입 실패, 착륙 실패, 통신 두절 등이 있다. 도처에 지뢰가 깔려 있는 셈이다. 그러나 이 모든 위험을 무릅쓰고 1960년대 이후 미국, 러시아, 유럽, 일본 등에서 궤도선, 착륙선, 로버 같은 무인 탐사선 수십 개를 화성으로 보냈다.

화성 탐사의 첫 테이프를 끊은 나라는 구소련(러시아)이다. 1960년 화성 접근을 목표로 마스닉 1호를 발사했으나 발사 실패로 끝났으며, 그 후로도 구소련이 추진한 화성 탐사선 마스 시리즈는 여러 차례 발사 실패와 궤도 진입 실패, 착륙 실패를 맛보았다. 최초로 화성 표면에 착륙을 시도한 탐사선은 1971년 5월 연거푸 화성으로 떠났던 소련의 마스 2호와 마스 3호였다. 마스 3호는 최초로 화성 표면의 이미지를 지구로 전송했지만, 화성 착륙 도중 20초간 빈 화면을 전송한 뒤 교신이 끊겨 실패했다.

화성 탐사에 최초로 성공한 우주선은 미국의 매리너 4호였다.

1965년 처음으로 화성 근접비행을 성공한 매리너 4호는 화성 곁을 스쳐 지나가며 200×200픽셀의 사진 22장을 찍어 지구로 전송했다. 이로써 인류는 화성의 대략적인 모습을 최초로 접하게 됐다. 그 전까지 과학계 안팎의 사람들은 화성의 극지방에서 밝고 어두운 무늬가 주기적으로 변화한다는 사실에 근거해 화성에 대량의 물이 존재하리라고 기대하고 있었다. 하지만 매리너 4호가 보내온 황량한 화성 사진은 이런 기대를 산산이 부서뜨렸다.

화성 궤도에 우주선을 최초로 진입시키는 데 성공한 것은 1972년 10월 27일 미국의 매리너 9호였고, 화성 표면 착륙에 최초로 성공한 탐사선은 1976년 미국의 바이킹 1호였다. 특히 바이킹 임무를 통해 인류는 첫 번째 화성 컬러 사진과 더욱 다양한 과학 정보를 얻을 수 있었다. 그러나 미국 역시 그전에 여러 차례의 실패를 피할 수 없었다. 그중에는 미터법 대신 야드법으로 단위를 잘못 입력해 화성 기후 탐사선이 화성 궤도에 진입하다 폭발하는 어처구니없는 사고도 있었다.

미국, 러시아만 화성 탐사에 실패한 것은 아니다. 일본은 1998년 화성 탐사위성 노조미(일본어로 소망이라는 뜻, 정식명칭 Planet-B)를 발사했으나 궤도 진입에 실패했으며, 중국은 2011년 11월 화성 탐사선 잉훠(螢火) 1호를 발사했으나 행방불명됐다.

이처럼 화성에 도전한 미국, 구소련(러시아), 일본 등 여러 나라 중 실패를 맛보지 않은 경우가 없었지만, 2014년에 예외가 발생했다. 인도의 화성 궤도선 망갈리안(Mangalyaan, 힌디어로 '화성 탐사선'이란 뜻)이 단 한 번의 시도로 화성 궤도 진입에 성공한 것이다. 그것도 미국 탐사선 비용의 1/10에 불과한 비용으로 성공시켜 세계의 부러움을 샀다. 과연 수학과 컴퓨터 강국다운 면모였다.

21세기에 접어들어 화성 탐사는 놀라울 만큼 높은 성공률을 보였다. 미국의 마스 오디세이(2001년), 유럽우주국의 마스 익스프레스(2003년)가 잇달아 화성 궤도 진입에 성공했으며, 뒤이어 미국은 2003년 화성 탐사 로버 스피릿과 오퍼튜니티를 잇달아 화성 표면에 착륙시

키는 데 성공했다. 또한 2008년 7월 31일 NASA의 화성 탐사선 피닉스
는 화성에 물이 존재함을 확인했다.

2010년대에 들어서도 화성 탐사는 꾸준히 이어졌다. 미국은 화성
탐사로버 큐리오시티(2012년)와 착륙선 인사이트(2018년) 미션을 연이
어 성공시킴으로써 화성 탐사의 선두 자리를 굳건히 지켰다.

화성 탐사의 최대 화두는 '화성 생명체 찾기'

지금까지 화성 표면에 내려앉은 탐사 로봇만 하더라도 10여 기
가 훌쩍 넘는다. 현재 화성에서 활동 중인 우주선은 궤도선으로 2001
마스 오디세이, 마스 익스프레스, 화성 정찰위성(Mars Reconnaissance
Orbiter, MRO), 망갈리안, 메이븐, 엑소마스, 아말, 톈원-1 등 8기가
있으며, 화성 표면에서 탐사 중인 로버나 착륙선은 오퍼튜니티, 큐리오

시티, 인사이트, 퍼서비어런스, 주룽 등 5기에 이른다.

이들 탐사선이 화성에서 수행하는 미션은 대체로 화성 대기와 지표를 조사하거나 내부 온도, 지각 활동, 화성의 열 분포 등을 연구하는 것이다. 이런 탐사를 통해 화성의 탄생과 태양계의 진화 및 형성과정 등을 이해하는 데 실마리를 찾을 수 있을 것으로 기대된다. 그러나 화성 탐사에 있어 무엇보다 최고의 목표는 외계 생명체를 찾는 일이다.

20세기 초에는 화성에 지성체가 살고 있다는 믿음이 광범하게 퍼져 화성인 색출작업이 활발히 이루어졌으며, 그 열풍이 허망하게 스러지자 다음으로는 일부 과학자들이 화성 미생물 찾기에 경쟁적으로 뛰어들었다. 그 열기는 아직까지 이어져, 현재 화성 프로젝트의 최대 화두가 화성 미생물 찾기이다. 만약 현존하는 미생물을 찾지 못하면 과거에 존재했던 생명체의 흔적이라도 찾아내기를 우주생물학자들은 열망하고 있다.

화성에 생명체가 존재하거나 했을 거라는 믿음은 화성에 한때 바다가 존재했으며 현재에도 화성 지표 아래 많은 양의 물이 존재한다는 사실, 그리고 화성 지표에 엄청난 양의 얼음이 존재한다는 사실에 전적으로 근거한다. 화성의 극관은 얼음으로 뒤덮여 있는데, 이 극관에 존재하는 얼음을 다 녹인다면 화성 표면을 11m의 깊이로 뒤덮기 충분한 양이다.

최근 연구에 따르면, 한때 화성이 가졌던 물의 대부분이 화성 표면 아래 있는 암석 결정 구조의 지각 속에 갇혀 있을 가능성이 높다는 사실을 발견했다. 과학자들은 화성에 오랜 기간 물이 존재했던 만큼 생명체가 나타나 진화할 수 있는 충분한 시간이 있었을 것으로 보고 있다. 물이 있는 지구상의 거의 모든 곳에 생명체가 존재하듯이 화성의 바다는 한때 생명체의 고향이었으며, 그중 일부 생명체는 여전히 살아 있을 가능성을 배제할 수 없다. 인류가 화성으로 열심히 탐사선을 보내고 있는 것은 이런 이유 때문이다.

퍼서비어런스, 화성 생명체 존재 결론 낸다

과연 화성에 생명체가 존재했거나 존재하고 있을까? 미국의 화성 탐사 로버 퍼서비어런스가 예제로 크레이터에 착륙한 이유 역시 화성 생명체 탐사가 주목표이기 때문이다. 지름 45km의 예제로 크레이터는 약 35억 년 전에는 거대한 호수와 삼각주가 있었던 지역으로 추정된다. 지구의 생명체가 물을 기반으로 사는 것처럼 화성의 고대 생명체 역시 물이 있는 고대 삼각주에 존재했을 가능성이 클 것으로 보아 선택된 착륙 장소이다.

화성 탐사 로버 퍼서비어런스는 화성 탐사에 나선 지 반세기가 훌쩍 넘는 동안 실패와 성공을 반복해왔던 NASA의 집념 어린 탐사선이다. 역사상 기술적으로 가장 진보한 탐사선으로 평가받는 퍼서비어런스는 각종 센서와 마이크, 레이저, 드릴 등 고성능 장비로 무장했으며, 19대의 카메라로 온몸을 두르고 있다.

퍼서비어런스가 탑재한 장비 중 가장 눈에 띄는 건 소형 헬기 형태의 무인기 '인저뉴어티(Ingenuity)'이다. 퍼서비어런스에 실려 화성에 착륙한 중량 1.8kg의 인저뉴어티는 2021년 4월 19일 첫 비행에 나서 화성 상공 3m 높이에서 40초간의 비행을 성공한 후 무사히 착륙했다. 이는 1903년 12월 라이트 형제가 동력비행기 '플라이어'를 타고 하늘을 난 지 118년 만에 지구 외의 행성에서 최초로 동력비행에 성공한 획기적인 기록을 세운 순간이었다.

인저뉴어티는 원래 30 화성일(1 화성일=지구 기준으로 24시간 37분), 즉 지구 기준 31일 동안 5차례의 실험 비행 테스트를 가질 예정이었으나, 2021년 10월 현재 13차례의 비행에 성공해 목표를 초과하는 실적을 거두었다. 이로써 앞으로 화성 탐사는 소형 헬기의 도움을 받아 입체적으로 진행할 수 있는 기틀을 마련한 셈이다.

퍼서비어런스에는 인간의 화성 착륙을 염두에 둔 실험장비도 탑재되어 있다. 화성 대기의 96%를 차지하는 이산화탄소에서 산소를 추

출하는 장치 '목시(MOXIE, Mars Oxygen In-Situ Resource Utilization Experiment)'이다. 이 장비는 첫 실험에서 약 1시간 동안 5.37g의 산소를 만들었다. 이는 우주인 1명이 10분간 호흡할 수 있는 양이다. 화성에서 직접 산소를 만들어내면, 화성 거주 우주인들이 호흡하는 데 쓰거나 지구로 귀환하는 데 필요한 로켓의 추진제로 활용할 수 있다.

이런 장비가 확장된다면 인류가 화성 개척의 발판을 마련하는 데 도움이 될 수 있다. 화성을 인류가 생존하기 적합한 공간으로 만드는 작업을 '화성의 테라포밍(Terraforming)'이라 하는데, 이번 퍼서비어런스 미션은 진정한 의미에서 화성 테라포밍의 첫걸음을 떼는 것이라 볼 수 있다. 테라포밍은 지구를 뜻하는 '테라(terra)'에 '만들다'라는 의미의 '포밍(forming)'이 합쳐진 신조어이다. 다른 천체 환경을 지구의 대기 및 온도, 생태계와 비슷하게 바꾸어 인간이 살 수 있도록 만드는 작업이며, 지구화(地球化) 또는 행성 개조라 하기도 한다. 이 같은 여러 측면에서 이번 퍼서비어런스 미션은 인류의 우주탐사 역사에서 중요한 변곡점을 이룰 것으로 평가된다. 이제껏 우주탐사가 있는 그대로의 자연계 탐구

화성 테라포밍 그래픽
테라포밍은 행성 환경을
지구와 비슷하게 만드는
작업이다.
© Daein Ballard, CC BY-SA

에 집중된 데 비해 이번 임무는 인간 정착을 위해 자연계 변화를 시도하는 것이기 때문이다.

퍼서비어런스는 화성의 1년에 해당되는 687일 동안 화성의 토양도 수집한다. 그러나 비용 문제로 인해 퍼서비어런스가 채취한 화성 샘플을 당장 지구로 가져오지는 못하지만, 예정된 다음 탐사를 통해 회수해갈 때까지 퍼서비어런스는 채취한 샘플을 안전하게 보관할 예정이다. NASA와 유럽우주국(ESA)은 퍼서비어런스가 수집한 토양 샘플을 수거하기 위한 로버(Mars2022)와 착륙선, 지구 귀환 궤도선을 2026년 2대의 탐사선으로 나눠 화성에 보낼 계획이다. 화성 토양 샘플을 가져오는 데 성공한다면 2030년 이후 진행될 유인 화성 탐사에 도움이 될 자료를 얻을 수 있다.

퍼서비어런스의 탐사로 화성 생명체 존재에 대해 결론을 내릴 수 있을까? 반세기를 훌쩍 넘도록 추진됐던 화성 탐사에서 품어왔던 이 오랜 수수께끼가 이번에 과연 풀릴지 지구인들의 관심이 쏟아지고 있다.

인류가 화성에 정착하려면?

인류가 화성 탐사에 이처럼 열중하는 또 다른 이면에는 '지구 종말'이라는 인류의 위기의식이 깔려 있다. 지구 바깥에서 제2의 지구를 개척해야 한다는 주장이 힘을 얻어가고 있는 것은 이런 이유 때문이다. 몇 해 전 작고한 과학자 스티븐 호킹은 몇백 년 안에 인류가 지구를 벗어나지 못하면 위험해질 것이라고 여러 차례 경고했다. 그러나 화성을 제2의 지구로 만드는 문제는 그리 녹록한 일이 아니다.

인류의 화성 정착촌 상상도
거대한 돔형 구조물 속에
도시가 자리한 미래 화성
식민지를 보여주고 있다.
ⓒ Paradox Interactive

인류가 화성에 정착하기 위해서 무엇보다 먼저 해결해야 할 가장 중요한 문제는 산소가 거의 없는 화성 대기에 산소를 공급해 숨 쉴 수 있는 공기를 만드는 것이다. 또 암을 유발하는 강력한 우주선(宇宙線, 우주에서 끊임없이 지구로 내려오는 매우 높은 에너지의 입자선)을 막아줄 기지를 건설하고 에너지와 물도 확보해야 한다.

다행히 화성은 물이 풍부한 것으로 알려져 있다. 그러나 물은 액체 상태가 아니라 지하나 지표에 얼음 상태로 존재한다. 화성 테라포밍의 관건은 극관과 지하의 물을 이용해 산소와 수소를 얻고, 미생물과 식물을 키워 화성의 환경을 바꾸는 데 성공할 수 있을 것인가에 달려 있다. 지금으로서는 조심스레 거론되고 있는 수준이지만, 이 작업에는 수백 년 내지 1천 년의 시간이 필요할지도 모른다는 예측도 있다.

에너지 문제 역시 극복하기 힘든 난관이다. 화성에서 식물을 재배할 수 있을 만큼 충분한 빛을 얻기는 쉽지 않은 일이다. 화성이 지구보다 태양에서 1.5배나 더 멀고, 표면에서 빛의 세기가 지구의 60%에 불과하기 때문이다. 따라서 평균기온 영하 63℃인 화성에서 절대 부족한 에너지를 확보하기 위해서는 지구로부터 많은 소형 원자로를 가져가는 것뿐 아니라 대형 태양돛(solar sail)을 설치해 태양 에너지를 대량으로 생산하는 방안도 대안으로 떠오르고 있다.

과학자들이 생각하는 이 태양돛은 극도로 얇은 알루미늄 막으로, 대각선 길이가 약 240km에 이르는 초대형 거울 같은 것이다. 이것을 제작해 화성의 정지 궤도에 띄우고 태양빛을 반사하게 한다는 아이디어이다. 현재 단계에서는 거의 SF처럼 들릴지도 모르지만, 인류의 과학이 앞으로 발달하면 불가능하지만은 않을 것으로 과학자들은 보고 있다.

스페이스X, 화성 유인 탐사 나선다

어쨌든 화성에 대한 인류의 관심이 갈수록 뜨거워지고 있는 가운데, 21세기에 들어서는 민간기업들이 화성 개척에 뛰어드는 새로운 현상이 나타나고 있다. 우주개발 회사 스페이스X를 이끄는 일론 머스크 CEO는 "인간을 다행성 종족(multi-planetary species)으로 만들겠다"고 선언하고, 2024년까지 화성에 지구인 정착촌을 세운다는 당찬 야심을 공표한 바 있다.

2020년대 중반 화성으로 보낼 계획에 따라 제작 중인 스페이스X의 화성 여행선 '스타십'. © SpaceX

경제적인 이익과 관계없이 인류가 하나의 행성에만 의존하는 것은 너무나 위험한 일이라고 주장하는 머스크는 인류가 다른 세상에 근거를 마련하는 것은 인류의 생존을 위해 꼭 필요하며 화성은 가장 좋은 선택이라고 주장한다. 그가 이끄는 스페이스X의 장기 목표는 화성으로의 정기 비행을 확립해 화성 식민지화를 추진하는 것이다.

2021년 9월 우주선으로 민간인 4명의 우주여행을 성공시켜 '진짜 우주여행' 시대를 연 스페이스X는 최근 야심 차게 발표했던 우주여행선 '스타십(Starship)'의 시제기(기계 따위의 성능을 시험하기 위해 제작한 기계)를 2025년 안에 발사대에 올리고 2026년까지 유인 화성 탐사에

달에 착륙한 스페이스X의 스타십 상상도. 민간 우주개발의 선두주자 스페이스X는 NASA의 달 착륙 프로젝트인 아르테미스 프로그램에 참여하고 있다.
© SpaceX

나서겠다는 목표를 발표했다. 머스크는 "2026년 혹은 2028년에 화물 및 로봇을 실은 탐사선 스타십을 화성으로 보내 현지 조달 재료로 기지 건설을 시작할 것"이라며, "사람을 그곳으로 보내기 전에 에너지 장치와 화성의 산소와 물을 통해 연료를 생산할 수 있는 시스템을 마련해야 한다"라고 밝혔다.

"인류의 미래는 달과 화성 너머에 있다"고 주장하는 머스크는 "앞서 화성에 1000명을 먼저 보내서 화성에서 농공업 활동을 이어가면 더 많은 이들이 올 수도 있다. 화성 이주 후 화성에서 태어난 사람이 많아지면 더욱 확대될 수 있다. 2070년까지 도시를 건설하고, 2100년까지 100만 인구의 대도시로 발전시킬 수 있을 것"이라고 내다봤다. 이 같은 비전이 과연 이루어질 것인지는 지금으로서는 예단할 수 없다.

엑소마스에서 에스카페이드까지

화성 탐사는 앞으로도 꾸준히 추진될 것으로 보인다. 유럽우주

ESA의 로잘린드 프랭클린
탐사 로버. 화성 지표와
지하 2m에서 샘플을 채취하고
생명체 흔적을 탐사할
예정이다. ⓒ ESA

국(ESA)와 러시아 연방우주국(Roscosmos)은 합작으로 두 번째 엑소마스(ExoMars) 프로그램을 추진하고 있는데, 2022년 9월 화성에서 생명의 기원을 찾을 탐사선을 화성에 보낼 예정이다. 이 엑소마스 탐사선은 DNA 구조를 발견하는 데 크게 공헌한 여성 과학자 로잘린드 프랭클린에게 헌정됐다.

이번 미션에는 첫 번째 미션과 달리 궤도선이 없고 대신 크루즈 스테이지(cruise stage)를 이용할 계획이며, 엑소마스 탐사선에는 카자초크(Kazachok, 카자흐 민속춤 이름) 착륙선과 로잘린드 프랭클린 화성 탐사차가 탑재될 전망이다. 엑소마스는 화성 주변을 돌아다닐 수 있고 이를 심도 있게 연구할 수 있는 능력을 모두 갖춘 최초의 탐사선이 될 것으로 예상된다. 로잘린드 프랭클린 탐사차는 화성 표면에서 2m 아래까지 구멍을 뚫어 토양을 채취하고 토양의 조성을 분석하며, 표면 밑에 숨겨진 과거와 현재의 단서를 탐사해 화성 생명체의 증거를 찾을 계획이다.

인도의 화성 도전도 꾸준히 이어질 전망이다. 인도우주연구소(ISRO)는 2025년경 화성 탐사선 '망갈리안 2호'를 보낼 계획이다. 망갈

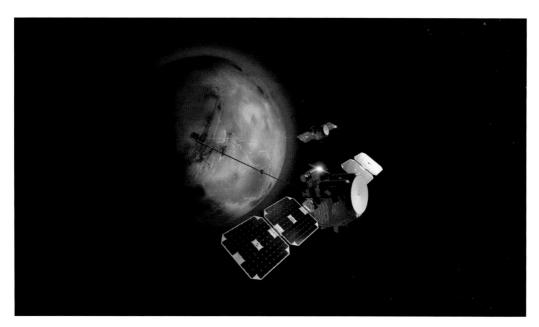

2024년 발사 예정인
NASA의 쌍둥이 화성 궤도선
'블루(Blue)'와 '골드(Gold)'의
상상도.
© Rocket Lab/UC Berkeley

리안 2호는 망갈리안의 후속 임무를 띠며, 궤도선에 착륙선이 추가될 전망이다.

NASA는 2024년 화성 대기와 지역 태양풍 환경을 실시간으로 알려줄 수 있는 흥미로운 쌍둥이 화성 탐사선을 발사할 예정이다. 미국 버클리 캘리포니아대학의 우주과학연구소가 주관하는 에스카페이드(EscaPADE, Escape and Plasma Acceleration and Dynamics Explorers)란 미션에 따라, '블루(Blue)'와 '골드(Gold)라는 이름의 두 탐사선이 2026년 화성에 도착하기 위해 2024년 발사된다. 비용이 8천만 달러에 불과한 에스카페이드(EscaAPADE)는 저비용, 신속 제작으로 행성 간 임무를 수행하기 위한 NASA의 의욕적인 도전이다. 참고로, NASA의 화성 궤도선 메이븐(MAVEN)은 개발 단계에 3억 6,700만 달러가 소요됐다.

NASA의 '화성 여행' 프로젝트는 3단계로 진행

NASA는 또한 2035년까지 화성에 사람을 보낼 계획으로 먼저 승

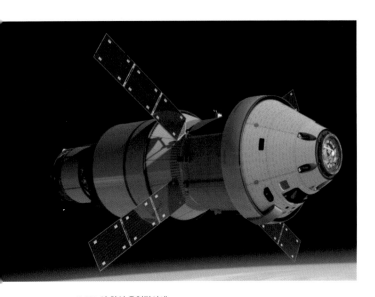

NASA의 화성 유인탐사에
투입될 오리온의 시험비행.
2014년 지구 궤도를 두 바퀴
돌고 시속 3만 2000km로
대기권 재진입에 성공했다.
ⓒ NASA

무원을 태운 우주선 오리온의 시험비행을 준비하고 있으며, 2030년쯤에 본격적인 화성 탐사에 투입할 예정이다. 2015년 10월 8일 NASA는 화성의 인간 탐사 및 식민지화에 대한 공식 계획인 '화성 여행(Journey to Mars)' 프로그램을 발표한 바 있다. 이 계획은 완전히 지속적인 식민화로 이어지는 세 단계 과정을 통해 운영된다.

이미 진행 중인 첫 번째 단계는 '지구 의존' 단계이다. 이 단계는 2024년까지 국제우주정거장(ISS)을 계속 활용해 심우주 기술을 검증하고 장기 우주 임무가 인체에 미치는 영향을 연구한다. 두 번째 '시험장(Proving Ground)' 단계에서는 지구 의존에서 벗어나 지구-달 사이의 우주공간으로 진출해 대부분의 작업을 한다. 이때 NASA는 소행성 포착, 심우주 거주 시설 테스트, 유인 화성 탐사에 필요한 능력 검증 등을 할 계획이다.

마지막 3단계는 지구 자원으로부터의 독립이다. 이 '지구 독립' 단계에는 달 표면의 장기 임무가 포함된다. 월면의 서식지를 활용해, 화성에서 조달되는 연료, 물, 건축 자재만으로 화성 표면 서식지의 일상적인 유지 관리가 가능한지를 연구한다. NASA는 여전히 2030년대 화성에 유인 탐사선을 보내는 것을 목표로 하고 있지만, '지구 독립' 단계는 수십 년이 더 걸릴 수 있다.

NASA의 유인 화성 탐사 계획은 일련의 설계 연구인 'NASA의 화성 설계 참조 임무'를 통해 발전했다. 2017년 NASA의 초점은 아르테미스 프로그램을 통해 2024년까지 인류가 달로 돌아가는 것으로 바뀌었고, 이 프로젝트 이후 유인 화성 탐사 미션이 추진될 수 있을 것으로 보인다. 이처럼 인류의 화성 탐사가 앞으로도 중단 없이 계속되면 언젠가는 화성 정착촌이 공상을 넘어 현실로 성큼 다가설지도 모를 일이다. 어쩌면 우리는 금세기 내로 화성과 지구를 오가는 우주선 행렬들을 보게 될지도 모른다.

그러나 화성을 제2의 지구로 만들고자 하는 인류가 최우선으로 해결해야 할 문제는 화성 생명체의 존재 여부를 확인하는 일이다. 과연 화성에 생명체가 살고 있거나 과거 한때 살았을까? 이는 아직까지 결론이 나지 않은 문제이지만, 누군가 화성 생명체를 발견한다면 인류 과학사 최대의 발견이 될 것은 분명하다. 반대로 그 부재가 증명되더라도 마찬가지로 인류의 지성사에 지대한 영향을 미칠 것이다.

그러나 이 모든 화성 프로젝트를 실행하기 전 잊지 말아야 할 것은 천문학자 칼 세이건의 다음과 같은 당부일 것이다. "화성에 생명체가 존재한다면 화성은 화성인의 것이다. 그것이 비록 미생물에 불과할지라도."

NASA의 '화성 여행(Journey to Mars)' 프로그램은 3단계로 계획돼 있다.
© NASA

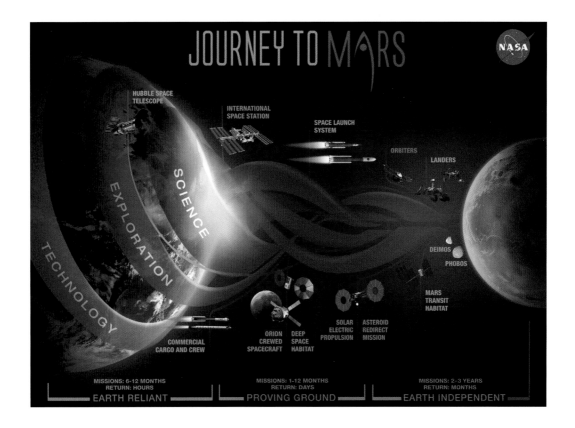

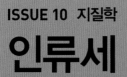

ISSUE 10 지질학

인류세

김범용

성균관대에서 철학과 경제학을 전공한 뒤 서울대 철학과 대학원에서 '경제
학에서의 과학적 실재론: 매키의 국소적 실재론과 설명의 역설'로 석사학위
를 받았다. 현재는 서울대 과학사 및 과학철학 협동과정에서 박사과정을 다
니고 있다. 전공 분야는 과학철학이며 경제학과 철학에 관심이 있다. 지은
책으로 『과학이슈11 시리즈(공저)』 등이 있다.

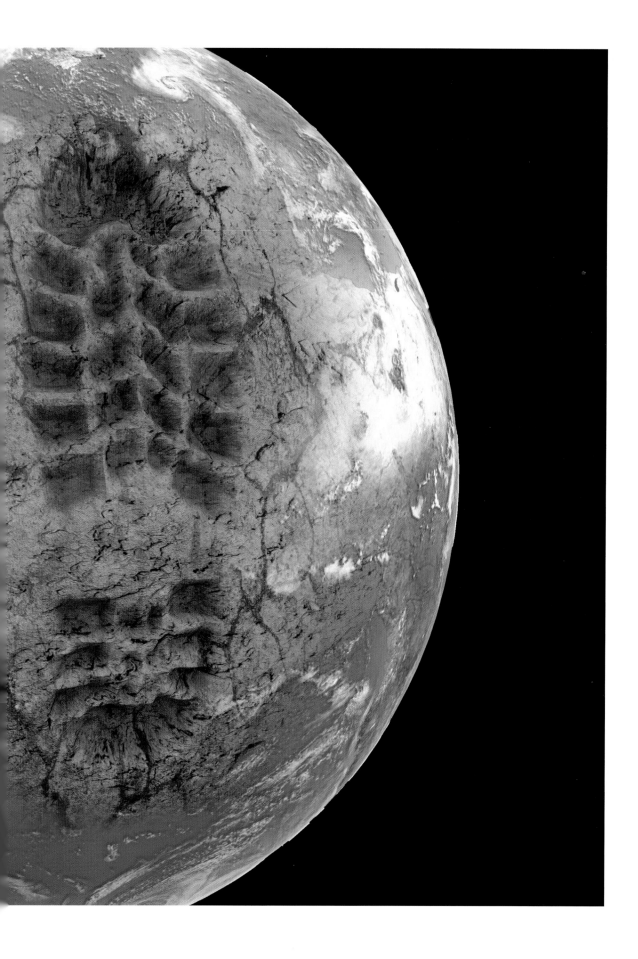

인류세에 무슨 일이 일어났나?

지구 역사 46억 년을 1년으로 친다면, 호모 사피엔스는 12월 31일이 끝나기 23분 전에 등장했고, 인류가 본격적으로 농경을 시작한 시기는 마지막 날이 끝나기 불과 1분 전이었다. 그 짧은 시간 동안 인류는 다른 어느 생물종보다도 지구에 큰 변화를 일으켰다.

영국 레스터대 연구진은 인간이 지금까지 만들어낸 인공물의 총량을 30조 톤으로 추정한다. 이는 1m²당 인공물 50kg씩 지구 표면 전체를 덮을 수 있는 양이다. 이러한 인공물 중 상당량은 재활용되지도 않고 쉽게 썩거나 분해되지도 않는다. 대표적인 사례가 플라스틱이다. 1950년부터 2015년까지 65년간 생산된 플라스틱은 약 8300만 톤으로 추정되는데, 그중 600만 톤(7%)만이 재활용됐고 약 4900만 톤(60%)이

폐기물로 버려졌다. 바다로 유입된 미세플라스틱이 해양 생태계를 교란할 뿐만 아니라 먹이사슬을 거쳐 인간에게까지 도달할 수 있다는 우려는 이미 현실화되고 있다.

지금까지 만들어낸 인공물의 양이 그렇게나 많다면, 인공물이 지층에도 쌓이고 있는 것은 아닐까. 실제로 캐나다 웨스턴온타리오대학 등의 지질학자들은 미국 하와이 해안에서 플라스틱이 섞인 돌덩어리를 수거하여 지질학계에 정식으로 보고한 바 있다. 플라스틱 이외에도 콘크리트, 알루미늄, 방사성 물질처럼 인위적으로 만들어낸 새로운 물질이 지층에 쌓이는 것을 '기술화석(Technofossils)'이라고 부르기도 한다. 기술화석에서는 닭 뼈도 대량으로 발견될 것으로 예상된다. 닭은 전 세계에서 매년 500억~600억 마리가 도축되며 산소가 적은 쓰레기장에 매립되어 화석으로 남을 가능성이 크기 때문이다.

인간의 산업활동은 기후까지 바꾸고 있다. 오스트레일리아와 스웨덴 합동연구팀에 따르면, 인간이 기후에 미치는 영향력은 자연 상태의 다른 모든 생물이 미치는 영향력보다 170배나 큰 것으로 나타났다. 18세기 산업혁명 이후 인류의 산업활동으로 인해 배출된 이산화탄소의 무게는 거의 1조 톤에 이르며, 이는 지구를 1m 두께로 온통 덮을 수 있는 양이다.

인류가 기후와 생물종 변화에 끼친 영향이 막대하니 이를 반영해 지구에 인류가 등장한 이후의 시기를 '인류세(Anthropocene Epoch)'라는 새로운 지질시대로 분류해야 한다는 주장이 힘을 얻고 있다. 한편, 과학계 일각에서는 인류세라는 용어가 충분한 과학적인 논의 없이 사용되는 정치적 용어이므로 인류세를 별도의 지질시대로 구분하기 전에 층서학적인 연구가 먼저 이뤄져야 한다고 주장하고 있다. 인류세는 과학용어의 지위를 획득하고 정식 지질시대로 인정받을 수 있을까.

플라스틱 돌덩이. 연구자들은 하와이 카밀로 해변의 21개 지점에서 채집한 플라스틱 돌들은 녹은 플라스틱, 화산암, 바다모래 등이 뒤엉켜 형성된 단단한 돌덩어리이며 암석의 일종이라고 발표했다.
© Patricia Corcoran

2015년 3월 〈네이처(Nature)〉지에서 표지 기사로 인간의 시대를 다뤘다.
© Nature

지질 연대 구분과 사건

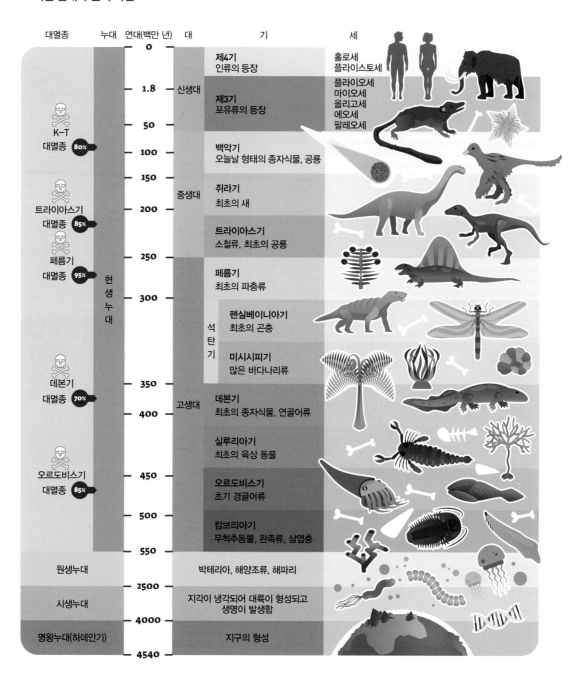

대멸종	누대	연대(백만 년)	대	기	세
		0		제4기 인류의 등장	홀로세 플라이스토세
		1.8	신생대	제3기 포유류의 등장	플라이오세 마이오세 올리고세 에오세 팔레오세
K-T 대멸종 80%		50			
		100		백악기 오늘날 형태의 종자식물, 공룡	
		150			
트라이아스기 대멸종 85%		200	중생대	쥐라기 최초의 새	
페름기 대멸종 95%	현생누대	250		트라이아스기 소철류, 최초의 공룡	
		300		페름기 최초의 파충류	
				펜실베이니아기 최초의 곤충	
			석탄기	미시시피기 많은 바다나리류	
데본기 대멸종 70%		350	고생대	데본기 최초의 종자식물, 연골어류	
		400		실루리아기 최초의 육상 동물	
오르도비스기 대멸종 85%		450		오르도비스기 초기 경골어류	
		500		캄브리아기 무척추동물, 완족류, 삼엽충	
		550			
	원생누대			박테리아, 해양조류, 해파리	
	시생누대	2500		지각이 냉각되어 대륙이 형성되고 생명이 발생함	
	명왕누대(하데안기)	4000		지구의 형성	
		4540			

현재는 신생대 제4기 홀로세

지질시대는 전 지구적인 지각 변동과 생물 종류의 변화를 기준으로 구분한다. 단위가 큰 순서대로 누대(Eon), 대(Era), 기(Period), 세(Epoch), 절(Age)로 구분된다.

지질시대는 크게 시생대, 고생대, 중생대, 신생대로 구분된다. 신생대는 공룡이 멸종한 6600만 년 전 이후의 시기를 가리키며, 이는 팔레오기, 네오기, 제4기로 구분된다. 신생대 제4기는 258만 년 전 이후의 시기를 가리키며, 이는 다시 플라이스토세(홍적세)와

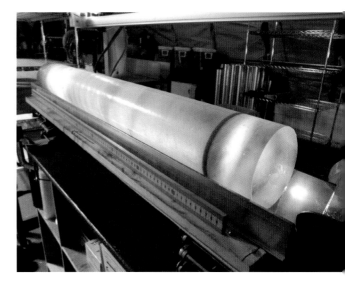

남극 빙하를 수직으로 뚫어 시추한 빙핵(ice core). 회색 띠는 약 2만 1000년 전 쌓인 화산재다.
ⓒ 미국국립과학재단

홀로세(충적세)로 구분된다. 신생대에는 수십 번의 빙하기와 간빙기가 있었다. 그러한 빙하기를 포함하는 시기가 플라이스토세이며, 마지막 빙하기가 끝난 이후의 짧은 기간에 해당되는 시기가 홀로세이다. 국제층서위원회(International Commission on Stratigraphy, ICS)의 지질시대 구분에 따르면, 현재는 신생대 제4기 홀로세에 속한다.

대부분의 지질시대는 보통 암석에 나타나는 특별한 변화를 기준으로 삼아 시대를 구분한다. 하지만 홀로세의 경우는 약간 달랐다. 홀로세는 지질시대 중 가장 젊은 시기여서 다른 지질시대보다 훨씬 더 정확

왜 빙하기와 간빙기가 주기적으로 반복되는가?

빙하기와 간빙기가 주기적으로 반복되는 이유는 태양과 지구의 상대적 거리와 각도에 따라 지구에 도달하는 태양빛의 양이 주기적으로 바뀌기 때문이다. 빙하기와 간빙기의 주기에는 2만 6000년 주기의 세차 운동, 2만 3000년 주기의 공전 궤도 이심률 변화, 4만 1000년 주기의 자전축 경사 주기 등이 복합적으로 작용한다. 빙하기를 포함한 기후 변화에 관련된 이런 주기를 처음 제안한 세르비아 밀루틴 밀란코비치의 이름을 따서 '밀란코비치 주기(Milankovitch cycle)'라고 한다.

지질시대 이름의 유래

고생대
- 캄브리아기(Cambrian Period): 영국 웨일스의 옛 이름인 캄브리아에서 유래했다. 영국 지질학자 애덤 세지윅(Adam Sedgwick)이 캄브리아기를 정의할 때 기초로 삼은 것이 웨일스의 암석이었다.
- 오르도비스기(Ordovician Period): 웨일스 지방에 살던 고대 부족의 이름인 오르도비스(Ordovices)에서 유래했다. 1879년 영국의 지질학자 찰스 랩워스(Charles Lapworth)가 명명했다.
- 실루리아기(Silurian Period): 웨일스 지방에 살던 고대 부족의 이름인 실루레스(Silures)에서 유래했다. 1837년 애덤 세지윅이 명명했다.
- 데본기(Devonian Period): 잉글랜드 데번(Devon)주에서 유래했다. 영국 지질학자 애덤 세지윅과 로더릭 머치슨(Roderick Murchison)이 데번에서 석탄함유층의 하부를 조사하다가 발견한 산호화석을 감정했고 그 결과에 따라 1839년에 명명했다.
- 석탄기(Carboniferous period): 영국과 서유럽의 이 시대 지층에서 막대한 양의 석탄층이 산출되어서 붙인 이름이다. 영국 지질학자 윌리엄 코니베어러(William Daniel Conybeare)와 윌리엄 필립스(William Phillips) 가 1822년 명명했다.
- 페름기(Permian Period): 1841년 로더릭 머치슨이 모식지인 러시아 페름 지역의 이름을 따서 명명했다.

중생대
- 트라이아스기(Triassic Period): 독일 남부에서 발견된 지층에서 퇴적 조건이 다른 세 층(붉은색의 사암, 흰색의 석회암, 갈색 사암)이 겹쳐 있었던 것(Trias)에서 유래했다.
- 쥐라기(Jurassic Period): 스위스, 독일, 프랑스 국경의 쥐라산맥에서 이 시기의 지층이 발견된 것에서 유래했다.
- 백악기(Cretaceous Period): 백악기 지층에서 탄산칼슘이나 석회질로 이루어진 석회암층이 대규모로 나타난다는 점에서 유래했다. 백악기(Cretaceous Period)라는 명칭은 분필이란 뜻의 라틴어(creta)에서 따왔다.

신생대: 신생대의 기와 세의 명명법은 영국 지질학자 찰스 라이엘의 제안에 따른 것이다.
- 팔레오기(Paleogene Period): 그리스어 paleo(오래된)+gene(생기다).
- 팔레오세(Paleocene Epoch): 그리스어 paleo(오래된)+cene(새로운). 접미사 '—cene'는 '새로움'을 뜻하는 그리스어 카이노스(kainos)에서 유래한다.
- 에오세(Eocene Epoch): 그리스어 eos+cene. 그리스어 에오스(eos)는 새벽을 뜻한다.
- 올리고세(Oligocene Epoch): 그리스어 oligos+cene. 그리스어 올리고스(oligos)는 적은 수를 뜻한다. 적은 (oligos) 수의 화석들이 새로운(—cene) 시기라는 의미다.
- 네오기(Neogene Period): 그리스어 neo(새로운)+gene(생기다).
- 마이오세(Miocene Epoch): 그리스어 meios+cene. 그리스어 메이오스(meios)는 '약간'을 뜻한다.
- 플라이오세(Pleiocene Epoch): 그리스어 pleios+cene. 그리스어 플레이오스(pleios)는 '많은'을 뜻한다. 많은 수의 화석들이 새로운 시기라는 의미이다.
- 제4기(Quaternary Period)

신생대에는 왜 제4기만 있을까?

신생대는 팔레오기, 네오기, 제4기로 구분된다. 그렇다면 제1기, 제2기, 제3기는 어디로 갔을까. 이탈리아의 지질학자 조반니 아르뒤노(Giovanni Arduino, 1714~1795)는 지질시대를 제1기부터 제4기까지 구분했다. 오늘날까지 쓰이는 시생대, 고생대, 중생대, 신생대는 19세기 중반 이후에 확립된 개념인데, 아르뒤노가 제안한 제1기는 시생대와 고생대에 해당되고 제2기는 중생대에 해당되어 더 이상 사용되지 않는다. 이후 제3기와 제4기만 신생대에 포함되어 사용됐는데, 신생대 제3기도 전반부와 후반부 사이의 차이가 커서 고제3기와 신제3기로 구분됐고, 이후 고제3기는 팔레오기, 신제3기는 네오기로 각각 바뀌었다.

한 기준을 찾는 것이 가능했기 때문이다. 영국 웨일스 트리니티 세인트 데이비드대학교의 마이클 워커 교수 연구진은 기후 변화 시점을 홀로세의 시작 시점으로 정했다. 연구진은 마지막 빙하기가 끝나는 시점을 찾기 위해 그린란드 부근에서 얼음을 채취했고, 채취한 빙핵(ice core)의 1492.45m 지점에서 온난화의 화학적 징후를 포착했다. 연구진은 마지막 빙하기가 끝난 시점이 지금으로부터 약 1만 1700년 전임을 알아냈고, 이를 뒷받침하는 자료가 전 세계의 호수와 바다의 퇴적층에서 발견됐다. 이에 따라 2008년 국제층서위원회는 홀로세를 정식 지질시대로 인정했으며, 홀로세의 시작 시점을 마지막 빙하기가 끝나고 전 지구적 온도가 상승하는 시점인 1만 1650±699년 전으로 확정했다.

국제층서위원회에서 인류세 실무그룹이 출범하다

국제층서위원회에서 홀로세를 정식으로 인정하기 이전부터 지질

유진 스토머와 함께
인류세라는 개념을 제안한
노벨 화학상 수상자인
네덜란드의 화학자
파울 크루첸.
© Teemu Rajala/wikipedia

학계 일각에서는 홀로세의 다음 지질시대로 인류세를 도입할 것을 진지하게 고려해야 한다는 논의가 진행되고 있었다. 국제층서위원회에서 홀로세를 정식으로 인정한 2008년에 영국 레스터대학교의 얀 잘라시에비츠(Jan Zalasiewicz)를 비롯한 지질학자들은 '우리는 인류세에 살고 있는가?(Are we now living in the Anthropocene?)'라는 제목의 성명서를 발표했다. 이 성명서에서 저자들은 홀로세와 인류세의 경계 구분이 충분히 뚜렷하므로 인류세는 층서학적으로 진지하게 논의돼야 한다고 주장했다.

인류가 환경과 기후에 미치는 영향을 지질시대 구분에 반영해야 한다는 생각은 19세기 중반까지 거슬러 올라간다. 이탈리아의 지질학자 안토니오 스토파니(Antonio Stoppani)는 '인류대(Anthropozoic era)'라는 용어를 고안했고, 러시아의 지구화학자(geochemist) 블라디미르 이바노비치 베르나드스키(Vladimir Ivanovich Vernadsky)는 인간의 지적 활동에 의해 지구 환경이 변하고 있다는 의미로 '지성권(Noosphere)'이라는 용어를 제안하기도 했다. 1980년대 미국 생물학자 유진 스토머(Eugene F. Stoermer)는 새로운 지질시대를 구분하는 용어로서 '인류세(Anthropocene)'를 처음 제안하기도 했다. 그러나 이러한 주장들은 별다른 주목을 받지 못했다.

인류세라는 개념이 큰 주목을 받게 된 것은 노벨 화학상 수상자인 파울 크루첸(Paul Crutzen)에 의해서였다. 2000년 국제 지권-생물권 프로그램에서 파울 크루첸과 유진 스토머는 자연에 끼치는 인간의 영향 때문에 이전과는 다른 새로운 지질시대가 시작됐으며 이를 '인류세'라고 부를 것을 제안했다. 이후 인류세라는 용어는 과학계의 여러 분야에서 사용되기 시작했다. 인류세(Anthropocene)는 인류를 뜻하는 그리스어 'anthropos'와 접미사 '-cene'의 합성어다. 인류로 인해 만들어진 지질시대라는 의미다.

대기화학자인 파울 크루첸은 지질시대를 새로 설정하는 데는 직접 관여하지 않았지만 많은 지질학자들에게 영향을 미쳤다. 특히 영국 레스터대 고생물학자 얀 잘라시에비츠(Jan Zalasiewicz)를 비롯한 런던 지질학회 회원들은 크루첸에게서 영감을 얻었고 이것이 2008년에 성명서를 발표하는 원동력이 되었다.

성명서를 발표할 2008년 당시 얀 잘라시에비츠는 국제층서위원회 산하 제4기 소위원회에서 지질시대에 관한 제안을 심의하는 일을 맡고 있었다. 마침 제4기 소위원회의 위원장인 영국 케임브리지대 지질학과 교수 필 기버드(Philip Gibbard)도 성명서의 서명자 중 한 사람이었다. 기버드 교수는 인류세라는 개념에 회의적이었지만 그렇다고 외면할 수도 없는 중요한 문제라고 판단했다. 2009년 기버드 교수는 잘라시에비츠 교수에게 인류세와 관련된 문제들을 검토할 실무그룹의 구성을 위임했고, 그에 따라 인류세 실무그룹(Anthropocene Working Group, AWG)이 출범하게 됐다.

인류세의 시작 시점은 언제?

국제층서위원회에서는 전 지구적 변화를 확인할 수 있는 지질 기록이 보존된 곳을 국제표준층서구역(Global Boundary Stratotype Section and Point, GSSP)으로 지정한다. 국제표준층서구역으로 지정되는 곳에는 일명 '황금못(golden spike)'이라고 불리는 표식을 설치해 표시한다.

국제표준층서구역(GSSP)으로 지정될 수 있는 기본 조건은 다음과 같다. 전 지구적 사건에 대한 표식(marker)이 존재할 것, 표식을 확인할 수 있는 보조적 모식층(stratotypes)

사우스오스트레일리아 플린더스 산맥에 에디아카라기 지층을 표시한 '황금못' 사진.
© Bahudhara/wikipedia

이 있을 것, 지역적 · 지구적 대비가 가능할 것, 표식 상하부로 연속적 퇴적층이 적당한 두께로 존재할 것, 정확한 위치(위도와 경도, 높이, 깊이 등)를 알 수 있을 것, 접근하기 쉬울 것, 보전성이 좋을 것 등이다.

인류세를 정식으로 지질시대에 포함시키려면 인류세와 홀로세의 뚜렷한 차이가 드러나는 지점에 황금못을 박을 수 있어야 할 것이다. 그러한 차이가 나타나기 시작하는 시점은 언제일까. 인류세 시작 시점의 후보로 거론되는 것은 크게 네 가지다.

먼저 첫 번째 후보는 농경과 산림 벌채가 시작된 약 8천 년 전이다. 인류의 농경 활동은 자연 식생을 바꾸었으며, 이에 따라 생물종 멸종률이 증가하고 생물지구화학적 순환 과정이 변화했다. 미국 기후학자 윌리엄 루디만(William Ruddiman)은 농경의 영향으로 약 8천 년 전부터 이산화탄소 농도가 비정상적으로 증가했고 그 결과로 빙하기의 도래 시기가 늦어졌다는 점에서 인류가 농경을 도입한 시기를 인류세의 시작으로 삼을 것을 제안했다.

이런 주장은 지역마다 농경 활동이 시작된 시기가 다르다는 점에서 주로 비판을 받는다. 이는 국제표준층서구역(GSSP)으로 지정될 수 있는 기본 조건인 '전 지구적 사건에 대한 표식(marker)이 존재할 것'이라는 조건에 부합하지 않는다. 실제 농경이 시작된 시기를 살펴보면, 서남아시아는 기원전 8500년, 중국은 기원전 7500년, 이집트는 기원전 6000년, 서유럽은 기원전 6000~3500년, 중앙아메리카는 기원전 3500년 이전, 미국 동부는 기원전 2500년, 안데스 및 아마존 유역은 기원전 3500년 이전, 아프리카의 사헬지대는 기원전 5000년, 인더스강 유역은 기원전 6000년, 뉴기니는 기원전 7000년으로 각각 다르게 추정된다.

유력한 후보는 20세기 중반

인류세 시작 시점의 두 번째 후보는 이탈리아의 탐험가 크리스토퍼 콜럼버스가 신대륙을 발견한 1492년이다. 유럽인이 대서양을 건너

카리브 제도에 도착한 이후, '콜럼버스의 교환(Columbian Exchange)'으로 불리는 생물군의 이동이 시작됐다. 많은 종류의 농작물(옥수수, 강낭콩 등), 가축(소, 염소, 말, 돼지 등), 인간과 공생하거나 인간에게 기생하는 동물(곰쥐 등), 그 외의 생물(족제비, 지렁이 등) 등이 대륙 사이를 이동하게 됐다. 이 견해를 지지하는 사람들은 멀리 떨어져 있는 대륙 사이에서 단기간에 생물군 이동 현상이 대규모로 발생한 것은 약 3억 년 전 초대륙인 판게아가 분열한 이후 처음 일어나는 일이며, 이는 생물종의 변화를 지질시대의 구분 기준으로 삼는 것과도 부합한다고 주장한다.

환경 변화를 근거로 이 시기를 인류세의 경계로 제안하는 견해도 있다. 콜럼버스가 신대륙에 도착한 이후 전염병, 전쟁, 기근 등으로 아메리카 원주민 인구가 급감했다. 아메리카 대륙의 원주민 수는 두 세기에 걸쳐 약 95% 감소한 것으로 추정된다. 이 과정에서 대규모의 경작지가 방치되어 산림이 됐고, 이는 1570~1620년에 발생한 이산화탄소 농도 감소 현상으로 이어졌다.

이런 주장에 대한 비판도 만만치 않다. 먼저 앞에서 언급한 변화가 아메리카 대륙에 국한해 발생한 현상이므로 전 지구적 변화의 근거로는 미흡하다는 점이다. 또한 서구 중심적 시각을 전제하는 기준이므로 지질시대를 구분하는 데에 다소 부적절하다는 의견도 있다.

세 번째 후보는 산업혁명이 시작된 시점인 1760년과 1880년 사이이다. 19세기에 접어들면서 대기 중 이산화탄소 농도는 서서히 증가하기 시작했다. 이 시기는 인류의 발전을 상징하는 시기이면서 동시에 화석연료의 사용이 급증함에 따라 대기 중 이산화탄소량도 증가하기 시작하는 시기라는 데 의의가 있다.

이런 주장은 산업혁명이 시작된 이후 대기 중 온실가스의 농도가 높아진 것은 사실이지만, 이로 인해 급격한 환경 변화나 전 지구적인 생물종 변화가 일어났다는 뚜렷한 증거가 없다는 점에서 주로 비판받는다. 산업혁명이 인류 사회나 자연 환경에 미친 영향은 크지만, 이것이

뚜렷한 지질학적 증거로 남는 데는 충분하지 않다는 것이 비판자들의 주장이다.

　마지막 네 번째 후보는 인구가 폭발적으로 증가하는 20세기 중반이다. 앞선 세 후보들에는 인간의 활동이 같은 시기 지구 전체에 영향을 미쳤음을 보여주는 지질학적 표지가 충분하지 않다는 약점이 있다. 네 번째 견해를 지지하는 사람들은 다른 후보들과 달리 1950년대 이후에는 전 지구적으로 퇴적층에 인류의 흔적이 남게 됐음에 주목한다. 이 시기 지층이 다른 시기 지층과 뚜렷하게 구분되는 사실 중 하나는 방사성 물질을 포함한다는 점이다. 핵폭탄이 처음 등장한 1945년부터 부분적 핵실험 금지 조약이 체결된 1963년까지 지상에서 약 500번의 핵실험이 실행됐고, 이 과정에서 발생한 낙진은 빙핵, 호수와 습지 퇴적물, 산호, 동굴 생성물, 나무의 나이테 등에 남아 있다. 핵폭발 때 발생한 낙진이 지구 전체를 떠다니다가 가라앉아 일종의 퇴적층을 형성한 셈이다. 방사성 물질 이외에도 플라스틱, 알루미늄, 화학비료, 콘크리트, 납(유연휘발유) 등이 퇴적층에 남게 됐다는 점, 에너지 대량 소비 등으로 이산화탄소 수치가 급증한 점도 이 시기를 인류세 경계로 설정해야 하는 근

20세기 중반 인류는 500번가량의 핵실험을 실행했다. 사진은 1945년 8월 9일 일본 나가사키에 떨어진 원자폭탄.

거라고 주장하기도 한다.

2015년 1월 37명으로 구성된 인류세 실무그룹의 구성원들은 인류세의 시작 시점을 20세기 중반으로 본다는 1차 결론에 도달했다. 잘라시에비츠를 비롯한 25명은 20세기 중반을 층서학적으로 적절한 인류세의 시작 시점으로 보는 것이 타당하다는 내용의 보고서를 발표했다. 인류세 실무그룹은 인류세의 시작 시점을 1945년 7월 16일로 구체적으로 명시하기까지 했다. 이날은 미국 뉴멕시코주 앨라모고도(Alamorgordo) 사막에서 최초의 핵실험이 실시된 날이다.

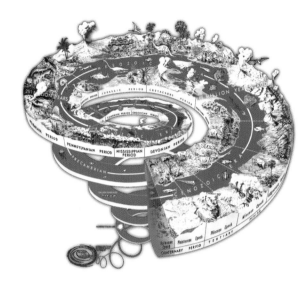

지질시대를 나선형으로
보여주는 지구의 역사.
신생대 홀로세 이후 인류세를
구분할 필요가 있을까.
© USGS/wikipedia

인류세 도입에 반발하는 과학자들

인류세를 지질시대로 공식화하려는 시도에 대해 일부 지질학자들은 불만을 표시했다. 인류세와 관련된 논의가 언론과 대중에게 호소하는 방식으로 진행되며 과학적 근거가 부족하다는 뜻이다.

미국 뉴욕주립대학의 휘트니 오틴(Whitney Autin)과 텍사스 크리스천대학의 존 홀브룩(John Holbrook)은 2012년에 발표한 논문 「인류세는 층서학의 쟁점인가, 아니면 대중문화의 쟁점인가?」에서 "인류세를 공식화할 만큼 충분한 증거가 이미 존재한다는 주장에 깜짝 놀랐다"고 진술했다. 국제층서위원회의 의장이었던 스탠 피니(Stan Finney)는 "그들(인류세 실무그룹)이 무슨 말을 하든, 신문 기자들은 그저 받아 적기에 바쁘다"며 "그들의 주장은 정치적 성명에 가까우며, 많은 사람이 그걸 원한다"고 말하기도 했다.

사실 스탠 피니를 비롯한 인류세 반대론자들은 인류세 지지자들만큼이나 인간 활동이 지구 환경에 어마어마한 영향을 미치고 있음을 인정한다. 반대론자들이 문제 삼는 것은 인류세를 지질학적으로 공식화하려는 옹호론자들의 논리다. 스탠 피니는 홀로세에는 인간의 모든 기록이 존재하므로 층서학적 기록을 사용할 필요가 없다고 주장한다. 우리가 암석과 화석을 연구하는 이유는 지질시대에 대한 직접적인 관측 결과를 갖지 못하기 때문인데, 인류세에 해당하는 부분에 대해 우리는 직접적인 관측 결과를 갖고 있으므로 이를 설명하기 위해 지질학적 자료를 사용할 필요가 없다는 뜻이다. 스탠 피니는 다음과 같이 말하기도 했다. "우리는 인간이 남긴 건물들이 퇴적층에 어떤 흔적을 남길지 알지 못하지만, 건물들이 건립된 정확한 날짜를 알고 있다."

인류세를 공식화하는 것이 시기상조라고 비판하는 학자들도 있다. 이들에 따르면, 지난 70년간 쌓인 해저 퇴적층의 두께가 고작 1mm 미만이므로 전 세계의 지층에서 인류세에 관한 유의미한 기록들을 찾기는 결코 쉽지 않다. 인류세 지지자들이 인류세의 가장 뚜렷한 지질학적 증거로 제시한 방사성 물질도 증거로 간주하기 어렵다는 의견도 있다. 방사능 낙진이 붕괴되어 사라지려면 10만 년이 걸리는데, 10만 년은 인류에게는 매우 긴 시간이지만 지질학에서는 매우 짧은 시간이다. 몇백

2019년 산림경관보전지수를 보여주는 지구 지도. 인위적인 변형 정도에 의해 측정된 산림 상태가 0(최소)에서 10(대부분 변형)까지 나타나 있다.
© PhnomPencil/wikipedia

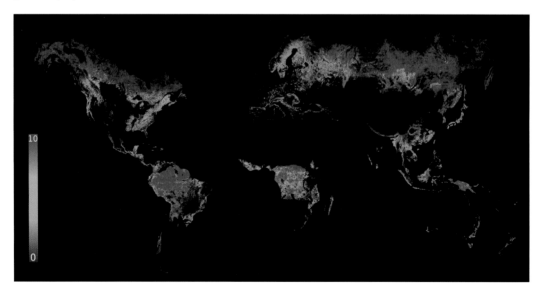

만 년 뒤 방사능 낙진은 모두 사라져 인류세를 구분하는 근거가 되지 못할 것이다. 반대론자들은 인류 문명이 앞으로 1만 년 이상 지속된다고 해도 몇백만 년 후에는 인류 문명과 관련된 화석 증거가 전혀 남지 않을 수도 있으므로 인류세를 공식화하는 것은 섣부르다고 비판한다.

기존 지질시대 구분에 인간의 활동이 이미 반영돼 있으므로 홀로세와 인류세를 별도의 지질시대로 구분하는 작업이 불필요하다고 주장하는 지질학자들도 있다. 마이클 워커는 인류세 실무그룹의 구성원이지만 인류세 개념에 이견을 보이는 소수파로 분류된다. 워커는 홀로세를 정의할 때 이미 인류 문명의 발달이라는 개념이 포함됐다고 주장한다. 찰스 라이엘은 1833년 지질학적 '최근(Recent)'이라는 개념을 제안하면서 그에 대한 기준으로 마지막 빙하기 종료 시기, 인류 출현 시기, 인류 문명의 발달 시기 등을 언급했다. 1867년 프랑스의 지질학자 폴 제르베(Paul Gervais)는 라이엘의 제안에 따라 그런 지질학적 '최근'을 '홀로세(Holocene Epoch)'로 명명했다. 실제로 인류가 출현한 시기는 홀로세가 아니라 플라이스토세라는 것이 나중에 밝혀졌지만, 어쨌든 홀로세는 인류 문명의 발달을 포함하는 개념이므로 인류세라는 별도의 지질시대 구분은 필요 없다는 뜻이다. 마이클 워커는 다음과 같이 말하기도 했다. "홀로세를 정의할 때 인간이라는 카드를 이미 써먹었다. 한 번 사용한 카드를 두 번 쓸 수는 없다."

인류세가 정식 지질시대 용어가 되려면

인류세 실무그룹이 내놓은 인류세에 관한 권고안이 정식 지질시대로 인정받으려면 몇 가지 까다로운 단계를 거쳐야 한다. 실무그룹에서 새로운 지질시대를 제안한다는 결의를 하면 국제층서위원회 산하 여러 소위원회에서 실무그룹의 연구 결과를 심사하고 투표한다. 소위원회의 투표에서 60% 이상의 찬성표를 얻어야 그다음 단계인 국제층서위원회의 표결로 넘어갈 수 있다. 국제층서위원회의 표결에서도 60%

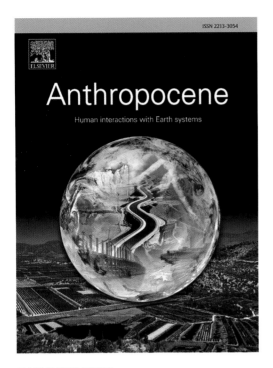

2014년 한 해에만 200편이 넘는 인류세 관련 논문이 나왔고, 2013년에서 2015년 사이에 관련 학술지가 3개나 창간됐다. 그중 하나인 〈인류세(Anthropocene)〉의 표지. ⓒ Elsevier

이상의 찬성표를 얻어야 세계지질과학연맹(International Union of Geological Sciences, IUGS) 집행위원회의 비준을 받을 기회를 얻는다. 집행위원회에서도 비준을 받으면 공식적인 지질시대로 인정받게 된다.

2009년에 출범한 인류세 실무그룹은 10년간의 조사 끝에 2019년 인류세를 새로운 지질시대로 지정하기로 결의했다. 실무그룹을 구성하는 34명 중 29명은 인류세 획정을 지지했고 20세기 중반을 인류세의 시작 시점으로 삼는 데에 찬성했다. 이들은 2021년까지 국제층서위원회에 인류세에 관한 공식 제안서를 제출할 계획을 세웠다. 인류세 실무그룹은 황금못을 박을 만한 확정적인 지질학적 표지를 확인하는 데 집중할 계획인데, 전 세계 10개 후보지를 고려하고 있다고 한다. 인류세의 지질학적 표지를 확인하는 데에 어려움을 겪는다면, 향후 논의에서 어려움을 겪을 수도 있다.

인류세의 지질학적 표지를 확인하는 데에 성공한다고 해도 인류세가 공식 승인받으려면 상당히 오랜 시간이 걸릴 것으로 보인다. 이는 기존의 사례들을 살펴보면 쉽게 유추할 수 있다. 페름기와 트라이아스기 경계는 매우 큰 변화가 있는 것으로 널리 알려졌지만, 지질학자들이 정확한 경계의 조건을 정해 황금못을 박기까지는 20년 이상 걸렸다. 캄브리아기와 오르도비스기 경계의 국제표준을 바꾸는 작업도 1974년에 시작되어 2000년에야 인준을 받을 수 있었다. 인류세는 기존의 지질시대 구분보다 지질학적 표지를 확인하는 데에 어려움을 겪을 것으로 보이고 또 개념적으로 논쟁의 여지가 있기 때문에, 세계지질과학연맹 집행위원회의 비준을 받을 수 있다고 해도 상당한 시간이 소요될 것으로 예상된다.

인류세 논의의 전망과 의의

앞에서 언급한 점들을 고려한다면, 인류세가 정식 지질학계의 용어로 자리 잡는 것은 쉽지 않아 보인다. 그렇지만 인류세 실무그룹의 결의안이 국제층서위원회 산하 여러 소위원회에서 기각되더라도, 인류세는 폐기되는 것이 아니라 비공식적인 지질시대 용어로 계속 사용될 것으로 전망된다. 표결 결과와 무관하게 인류세란 용어는 이미 자체적인 생명력을 갖고 있는 것처럼 보이기 때문이다. 2014년 한 해에만 200편이 넘는 인류세 관련 논문이 나왔고, 2013년에서 2015년 사이에 〈인류세(Anthropocene)〉, 〈인류세 리뷰(The Anthropocene Review)〉, 〈엘리멘타: 인류세의 과학(Elementa: Science of the Anthropocene)〉처럼 인류세와 관련된 학술지가 창간됐다. 이미 과학계 전반에서 인류세에 대한 논의가 진행되고 있기 때문에 인류세의 과학적 개념이나 자료가 불충분하다는 이유만으로 이에 대한 논의를 거부할 수 없는 상황이 됐다.

기후 변화와 환경 위기가 체감 가능한 수준까지 도달하면서 많은 사람이 인류세 개념에 관심을 기울이고 있으며, 이에 따라 인문학과 사회과학에서도 인류세에 대한 논의가 활발하게 진행되고 있다. 한 가지 눈여겨볼 것은 인류세라는 개념이 여러 분야에서 통용되는 만큼 정밀한 개념으로 쓰이기보다는 자연에 미치는 인간의 막대한 영향력을 상징하는 은유로 쓰이는 경우도 적지 않다는 점이다. 인류세 개념에 대한 느슨한 정의는 인류세 담론에 다양한 집단들의 목소리가 반영되는 것을 가능하게 하지만, 그와 동시에 깊이 있는 분석 대신 피상적이고 실효성 없는 논의를 양산하는 원인이 되기도 한다. 이런 측면에서 본다면, 인류세 개념을 둘러싼 지질학계의 논쟁은 과학의 사회적 역할이라는 차원에서도 그 의의를 찾을 수 있을 것이다.

2021 노벨 과학상

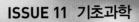

이충환

서울대 대학원에서 천문학 석사학위를 받고, 고려대 과학기술학 협동과정
에서 언론학 박사학위를 받았다. 천문학 잡지 《별과 우주》에서 기자 생활
을 시작했고 동아사이언스에서 《과학동아》, 《수학동아》 편집장을 역임했
으며, 현재는 과학 콘텐츠 기획·제작사 동아에스앤씨의 편집위원으로 있
다. 옮긴 책으로 『상대적으로 쉬운 상대성이론』, 『빛의 제국』, 『보이드』, 『버
드 브레인』 등이 있고 지은 책으로는 『블랙홀』, 『칼 세이건의 코스모스』, 『반
짝반짝, 별 관찰 일지』, 『재미있는 별자리와 우주 이야기』, 『재미있는 화산과
지진 이야기』, 『지구온난화 어떻게 해결할까?』, 『과학이슈 11 시리즈(공저)』
등이 있다.

2021년 노벨 과학상은 기후모델, 유기촉매, 촉각 연구에

2021년 12월 노벨주간에 '우주에서 본 지구'라는 주제로 한 조명이 스웨덴 스톡홀름의 시청을 비추고 있다.
ⓒNobel Prize Outreach/Christian Åslund

2021년 노벨상도 2020년에 이어 코로나19의 영향을 피해 가지 못했다. 노르웨이 오슬로에서 열린 노벨평화상 시상식을 제외한 나머지 노벨상 시상식은 스웨덴 스톡홀름에서 개최되지 못하고 온라인으로 진행됐다.

코로나19 관련 연구는 노벨과학상의 후보로 거론되기도 했다. 코로나19 대응에 결정적으로 기여한 mRNA 백신 관련 연구자들이 노벨 생리의학상이나 화학상을 받지 않을까 하는 예상이 나온 것이다. 개발에 10년 이상이 걸리고 50% 이하의 유효성을 보이는 전통적인 백신과 달리 1년 이내 단기간에, 90% 이상의 유효성을 나타내는 mRNA 백신을 가능케 한 기술을 개발했기 때문이다. 하지만 mRNA 백신 기술 관련 연구자들은 노벨상을 받지 못했다. 그 이유에 대해 노벨상위원회는 노벨상 후보 추천이 마감된 시기에 mRNA 백신의 임상시험 정도만 끝나 효과를 충분히 검증할 시간이 없었기 때문이라고 설명했다.

120번째로 수여된 2021년 노벨상. 노벨 물리학상, 화학상, 생리학상을 중심으로 2021년 노벨상을 좀 더 깊이 살펴보자.

소외된 분야에 수상, 난민 출신 수상자 배출

2021년 노벨상은 13명에게 돌아갔다. 물리학상 수상자가 3명, 생리의학상, 화학상 수상자가 각각 2명이었으며, 문학상 수상자 1명, 평화상 수상자 2명, 경제학상 수상자 3명이 배출됐다. 평화상 수상자 중 1명(필리핀의 마리아 레사)은 여성이었다.

먼저 2021년 노벨상의 특징은 그동안 소외됐던 분야에 수여됐다는 점을 꼽을 수 있다. 86년 만에 언론인이 노벨 평화상을 받았으며, 지구과학 분야에 2번째 노벨상이 돌아

노르웨이 오슬로시청에서 열린 노벨평화상 시상식. 필리핀의 마리아 레사(왼쪽)와 러시아의 드미트리 무라토프가 함께 수상했다.
© Nobel Prize Outreach/Jo Straube

갔다. 노벨 평화상은 필리핀에서 권력 남용, 폭력 사용, 권위주의를 폭로해온 온라인 매체 래플러의 대표 마리아 레사, 러시아에서 수십 년간 언론의 자유를 옹호해온 신문사 노바야 가제타의 설립자 드미트리 무라토프가 공동 수상했다. 노벨 물리학상 수상자 3명 중 2명은 복잡계 연구를 통해 지구의 기후시스템 변화를 이해할 수 있는 도구를 마련했다는 업적을 인정받았다. 미국 프린스턴대 마나베 슈쿠로 교수와 독일 막스플랑크 기상연구소 클라우스 하셀만 교수가 1995년 오존층 파괴 과정을 밝힌 연구자들에 이어 지구과학 분야에서 2번째로 노벨상을 받았다.

2021년 12월 8일 미국
어바인 국립과학원(NAS)
버크만센터에서 열린 노벨상
시상식 후에 함께 모인
수상자들. 왼쪽부터 데이비드
줄리어스(생리의학상), 휘도
임번스(경제학상), 아뎀
파타푸티언(생리의학상),
데이비드 카드(경제학상).
ⓒ Nobel Prize Outreach/Paul
Kennedy

    2021년 노벨상의 2번째 특징은 여성 수상자가 여전히 적다는 점이다. 노벨상 수상 120년 역사를 살펴보더라도 전체 수상자 975명 중에서 여성 수상자는 58명에 불과하다. 2021년 노벨상의 경우 평화상을 받은 마리아 레사 대표가 유일한 여성 수상자였다. 이에 노벨상위원회는 각 분야에 진출하는 여성 자체가 적은 불공평한 사회상 때문이라며 여성 후보를 더 많이 지명하겠다고 밝혔다. 게다가 2021년 과학 분야 노벨상 수상자 중에 여성은 없었다. 이를 두고 과학계에 뿌리 깊은 성차별 문제가 다시 거론됐다. 과학 분야 노벨상 수상자 631명 중 여성은 단 23명이었다. 하지만 노벨상위원회는 노벨의 유언에 따라 수상에 있어서 성별이나 인종에 따른 할당은 두지 않을 것이라고 설명했다.

    또한 2021년 노벨상은 난민 출신의 수상자가 많다는 특징이 있다. 문학상을 받은 압둘라자크 구르나 작가는 탄자니아 난민 출신이다. 1948년 인도양의 잔지바르섬에서 태어난 그는 1960년대 말 영국에 난민으로 건너갔는데, 그의 작품에는 난민의 혼란이란 주제가 밑바탕에 깔려 있다. 또 생리의학상을 받은 2명의 과학자, 즉 미국 스크립스연구소 아뎀 파타푸티언 교수와 미국 샌프란시스코 캘리포니아대 데이비드 줄리어스 교수도 박해를 피해 정착한 이민자 출신이다. 파타푸티언 교수는 1967년 레바논 베이루트에서 태어났다. 아르메니아 가정에서 자란 그는 의대 재학 중 무장세력에 잡혔다가 벗어난 뒤 미국 로스앤젤레스로 이주했다. 줄리어스 교수의 조부모는 1900년대 초 소수 민족을 박해하던 러시아를 탈출해 미국에 정착했다.

끝으로 2021년 과학 분야 노벨상에서 다음과 같은 특징을 꼽을 수 있다. 물리학상은 지구과학 분야에서 2번째 수상으로 기록됐다면, 생리의학상은 감각 연구 분야에서 3번째 수상으로 기록됐다. 1967년 시각 연구, 2004년 후각 연구에 이어 2021년에는 촉각 연구에 노벨상이 수여됐다.

한눈에 보는 2021년 노벨 과학상 수상자 7인

구분	수상자(소속)	업적
물리학상	마나베 슈쿠로(미국 프린스턴대) 클라우스 하셀만(독일 막스플랑크 기상연구소)	지구의 복잡한 기후 변화를 분석하는 기후모델을 만듦
	조르조 파리시(이탈리아 로마 사피엔자대)	무질서한 물질에 대한 이해를 넓힘
화학상	베냐민 리스트(독일 막스플랑크연구소) 데이비드 맥밀런(미국 프린스턴대)	비대칭 유기촉매 개발
생리의학상	데이비드 줄리어스(미국 샌프란시스코 캘리포니아대) 아뎀 파타푸티언(미국 스크립스연구소)	우리 몸이 촉각을 인식하는 방법 연구

노벨 물리학상, 기후와 물질의 복잡계를 규명하다

2021년 노벨 물리학상은 지구의 복잡한 기후와 무질서한 물질에 대한 이해를 넓힌 3명의 과학자에게 돌아갔다. 미국 프린스턴대 마나베 슈쿠로 교수와 독일 막스플랑크 기상연구소 클라우스 하셀만 연구원은 기후모델을 개발해 인류가 기후에 어떻게 영향을 미치는지에 대한 지식의 토대를 마련한 공로를 인정받았고, 이탈리아 로마 사피엔자대 조르조 파리시 교수는 무질서한 물질과 복잡계 과정에 대한 이론에 혁명을

마나베 슈쿠로(미국 프린스턴대)
ⓒ Nobel Prize Outreach/Risdon Photography

클라우스 하셀만
(독일 막스플랑크 기상연구소)
ⓒ Nobel Prize Outreach/Bernhard Ludewig

조르조 파리시(이탈리아 로마 사피엔자대)
ⓒ Nobel Prize Outreach/Laura Sbarbori

일으켰다는 평가를 받았다. 상금은 파리시 교수에게 50%, 마나베 교수와 하셀만 연구원에게 나머지 50%가 절반씩 주어졌다.

이 가운데 마나베 교수와 하셀만 연구원은 노벨상 분야 불모지로 간주됐던 지구과학 분야에서 벽을 허물었다. 두 사람은 지구과학 분야에서 2번째 수상을 기록했다. 1995년 셔우드 롤랜드, 마리오 몰리나, 파울 크뤼천이 오존층 파괴의 화학적 원리를 밝혀낸 업적으로 노벨 화학상을 받은 뒤 26년 만이다.

·기후모델의 토대를 마련해

날씨와 기후를 좌우하는 바람과 물은 고대부터 움직임을 예측하기 힘든 존재로 간주돼 왔다. 현대에 들어서도 기후시스템으로 연구되고 있지만, 수많은 요소가 상호작용하는 복잡계라 이해하기 쉽지 않다. 마나베 교수와 하셀만 연구원은 복잡계를 연구해 지구의 기후시스템을 이해할 수 있는 도구, 즉 기후모델을 마련했다는 업적을 인정받았다.

마나베 교수는 기후모델의 창시자다. 마나베 교수가 만든 기후모델이 현존하는 여러 기후모델의 시초라는 뜻이다. 1950년대 그는 전쟁으로 황폐해진 일본을 떠나 미국으로 갔다. 지구 대기에서 증가한 이산화탄소의 양이 어떻게 지구 온도를 높이는지 이해하고자 연구를 시작했다. 그는 1967년 발표한 논문에서 기후모델을 이용해 대기 중에 온실가스가 증가할 때 지구 표면 대기의 온난화 정도를 예측했다. 구체적으로 이산화탄소가 2배 증가할 때 지구 표면 대기 온도가 약 2.3℃가 상승할 것으로 추정했다. 또 온실가스의 양이 증가하면 대류권 온도는 높아지지만, 성층권에서는 오히려 온도가 떨어진다는 사실을 제시했다. 이런 기온 반응 패턴은 이후 실제 관측에서 증명됐다.

결국 마나베 교수는 물리학의 기본법칙인 질량 보존, 운동량 보존, 에너지 보존을 바탕으로 가상의 지구를 모의하는 컴퓨터 코드인 '전 지구 기후모델'을 개발하는 데 중요한 기틀을 마련했다. 현재 전 지구 기후모델은 인간 활동에 따라 온실가스가 증가할 때 미래 기후변화를

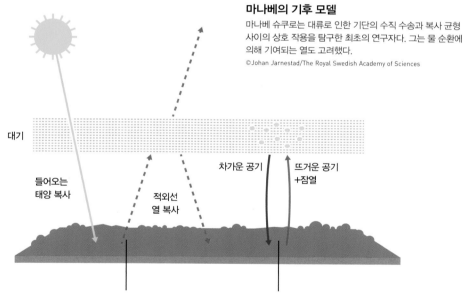

마나베의 기후 모델

마나베 슈쿠로는 대류로 인한 기단의 수직 수송과 복사 균형 사이의 상호 작용을 탐구한 최초의 연구자다. 그는 물 순환에 의해 기여되는 열도 고려했다.

©Johan Jarnestad/The Royal Swedish Academy of Sciences

대기

들어오는 태양 복사

적외선 열 복사

차가운 공기

뜨거운 공기 +잠열

지표의 적외선 열 복사는 부분적으로 대기에 의해 흡수되어 공기와 지표를 데우고, 일부는 우주로 방출된다.

뜨거운 공기는 차가운 공기보다 가볍기 때문에 대류를 통해 상승한다. 또한 강력한 온실가스인 수증기를 운반한다. 공기가 따뜻할수록 수증기 농도가 높아진다. 더 나아가 대기가 더 차가운 곳에서는 구름 방울이 형성되면서 수증기에 저장된 잠열이 방출된다.

예측할 수 있는 핵심축으로 자리 잡고 있다.

하셀만 연구원은 실제 발생한 기후변화를 지구기후시스템 내부에서 자연적으로 나타나는 변동성(자연변동성)과 외부 힘에 의해 생기는 반응의 합으로 가정하는 개념 모델을 처음 만들었다.

특히 1979년에 발표한 논문에서 날씨와 기후를 연결하는 지구 자연변동성 개념 모델을 제안했다. 즉 위도와 지역별로 서로 다른 변화무쌍한 날씨가 만들어지고 이로부터 천천히 변하는 해양의 자연변동성이 나타날 수 있음을 보여줬다. 이후 1993년에 발표한 논문에서는 기후변화 신호에서 각각의 인자들이 미친 영향을 구별하는 '지문법(fingerprint approach)'을 제시했다. 온실가스, 에어로졸, 태양 복사, 화산 입자처럼 인위적이거나 자연적인 요인이 각자 고유한 기후변화를 일으켜 시공간에 '지문'을 남긴다는 점에 착안해 인간이 기후시스템에 가하는 영향을 증명하는 방법을 개발한 것이다. 이를 통해 실제 관측치와 기후모델 모의결과를 비교할 수 있게 됐고, 인간이 배출한 온실가스와 에어로졸이

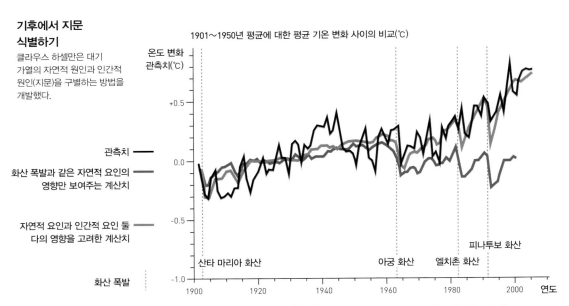

기후에서 지문 식별하기

클라우스 하셀만은 대기 가열의 자연적 원인과 인간적 원인(지문)을 구별하는 방법을 개발했다.

1901~1950년 평균에 대한 평균 기온 변화 사이의 비교(℃)

온도 변화 관측치(℃)

관측치 ━━━

화산 폭발과 같은 자연적 요인의 영향만 보여주는 계산치 ━━━

자연적 요인과 인간적 요인 둘 다의 영향을 고려한 계산치 ━━━

화산 폭발 ┊

산타 마리아 화산   아궁 화산   엘치촌 화산   피나투보 화산

자료: Hegerl and Zweirs (2011) Use of models in detection & attribution of climate change. WIREs Climate Change. ⓒJohan Jarnestad/The Royal Swedish Academy of Sciences

기후에 얼마나 영향을 미치는지 알 수 있게 됐다.

　　마나베 교수와 하셀만 연구원의 연구성과 덕분에 현대적인 기후 모델이 개발됐고, 인간 활동에 따른 미래 기후변화를 예측할 수 있게 됐다. 두 사람은 기후변화가 인류에게 직면한 위기임을 규명하는 데 선구자 역할을 했다. 실제로 기후변화에 관한 정부 간 협의체(IPCC)의 초기 보고서 발간에도 큰 역할을 했다. 하셀만 연구원은 IPCC 1차, 2차, 3차 보고서에 참여했고, 마나베 교수는 IPCC 1차, 3차 보고서에 참여했다.

· 쩔쩔매는 '스핀 글라스'를 설명해

　　2명의 기후학자와 함께 물리학상을 받은 파리시 교수는 통계 물리학자로서 복잡계에 대한 이해를 넓혔다. 복잡계는 기후시스템은 물론 물질 속에서도 찾을 수 있다. 노벨상위원회는 파리시 교수가 물질 속에 존재하는 전자들의 무질서한 현상에서 숨겨진 패턴을 발견했다고 평가했다. 그의 연구는 단지 물리학에 국한되지 않고 생물학, 신경과학, 인공지능(기계학습) 등 다양한 분야에 적용되고 있다.

　　1979년 파리시 교수는 통계역학을 이용해 무질서하게 보이는 현상이 숨겨진 규칙에 따라 어떻게 지배되는지를 분석한 연구성과, 즉 '스핀 글라스(spin glass)'를 설명하는 이론을 발표했다. 스핀 글라스는 비(非)자성체에 자성을 띤 불순물이 섞인 특별한 유형의 금속합금이다. 예를 들어 격자로 배열된 구리 원자들에 철 원자가 무작위적으로 섞일 때, 각각의 철 원자는 작은 자석(스핀)처럼 행동하되 주변의 다른 자석들과 상호작용한다. 일반 자석에서는 모든 스핀이 같은 방향을 가리키지만, 스핀 글라스에서 스핀들은 쩔쩔맨다(frustrated). 스핀 글라스에서 일부 스핀 쌍은 같은 방향을 가리키고 다른 쌍은 반대 방향을 가리키는데, 스핀들은 어떻게 최적의 방향을 찾을까? 한 가지 방법이 그 시스템의 많은 복제품(replica)을 동시에 처리하는 수학적 방법, 즉 복제품 방법(replica trick)이다. 파리시 교수는 복제품 방법이 스핀 글라스 문제를 해결하는 데 기발하게 사용될 수 있음을 증명했다. 그는 복제품에서 숨

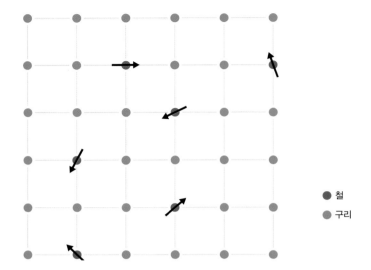

스핀 글라스

스핀 글라스는 예를 들어 철 원자가 구리 원자 격자에 무작위로 혼합된 금속 합금이다. 각각의 철 원자는 주변의 다른 자석의 영향을 받는 작은 자석, 즉 스핀처럼 작동한다. 하지만 스핀 글라스에서 쩔쩔매며 가리킬 방향을 선택하는 데 어려움을 겪는다. 파리시는 스핀 글라스에 대한 자신의 연구를 이용해 다른 많은 복잡계를 포괄하는, 무질서하고 무작위적인 현상에 대한 이론을 개발했다.

ⒸJohan Jarnestad/The Royal Swedish Academy of Sciences

● 철
● 구리

겨진 구조를 발견했고 이를 수학적으로 설명하는 방법을 발견했다.

스핀 글라스 구조에 대한 그의 발견은 기상 현상, 신경망에서의 신호전달, 소셜네트워크서비스(SNS) 속 의견 대립처럼 여러 형태의 복잡계에서 일어나는 현상을 규명하는 데 유용하다. 파리시 교수는 복잡계에서 같은 조건이라도 다른 경우가 매우 많이 발생할 수 있기 때문에 어떤 결과를 단정적으로 예측할 수 없고 대신 확률론적 방법을 통해 예측하는 것이 필요하다고 주장했다.

노벨 화학상, 분자 만드는 독창적 도구 '유기촉매' 개발

2021년 노벨 화학상은 분자를 만들기 위한 정확하고 새로운 도구인 유기촉매를 개발한 2명의 과학자에게 주어졌다. 독일 막스플랑크연구소 베냐민 리스트 교수와 미국 프린스턴대 화학과 데이비드 맥밀런 교수가 그 주인공이다. 노벨상위원회에 따르면, 두 사람의 연구성과는 제약 연구에 큰 영향을 미쳤고 화학을 더 친환경적으로 만들었다.

촉매란 최종 산물에 관여하지 않으면서도 화학 반응을 제어하고 가속화할 수 있는 물질이다. 예를 들어 자동차에 들어가는 금속 촉매(백

베냐민 리스트(독일 막스플랑크연구소)
ⓒ Nobel Prize Outreach/Bernhard Ludewig

데이비드 맥밀런(미국 프린스턴대)
ⓒ Nobel Prize Outreach/Risdon Photography

금)는 배기가스의 독성 물질을 해롭지 않은 분자로 바꿔주고, 우리 몸속
의 수많은 효소는 생명에 필요한 분자를 자르거나 붙이는 형태의 촉매
에 해당한다. 화학자들은 오랫동안 촉매가 금속, 효소 같은 2가지 유형
만 존재한다고 믿었다. 하지만 리스트 교수와 맥밀런 교수가 2000년 독
립적 연구를 통해 3번째 유형의 촉매를 개발했다. 이 새로운 촉매는 작
은 유기분자를 기반으로 하는 '비대칭 유기촉매'다.

·20년 만에 노벨상 받은 비대칭 촉매

전 세계 산업의 35%에서 화학적 촉매 작용이 활용되는 것으로 추
정된다. 화학자들이 수많은 촉매를 발견한 덕분에 의약품, 플라스틱,
식품 향료, 향수처럼 일상에서 사용하는 다양한 물질을 만들 수 있다.
촉매는 화학물질을 합성할 때 도구로 이용되는 화학물질이다. 그중 비
대칭 화학물질을 합성할 때 한 종류의 거울상 이성질체만 만드는 촉매
를 비대칭 촉매라고 한다.

거울상 이성질체는 분자를 구성하는 원소의 종류와 개수가 같지

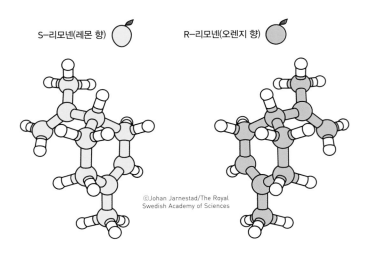

S-리모넨(레몬 향)　　R-리모넨(오렌지 향)

©Johan Jarnestad/The Royal
Swedish Academy of Sciences

만, 구조가 거울을 두고 비춘 것처럼 반대 모양을 이루고 있는 물질이다. 예를 들어 레몬 향과 오렌지 향을 내는 분자는 리모넨이라는 동종의 화합물인데, 구조가 거울 대칭으로 다를 뿐이다. 거울상 이성질체는 왼손과 오른손이 다르듯 서로 다른 물질처럼 작용한다. 리모넨의 거울상 이성질체는 단순히 향이 다르다는 데 그쳤다. 하지만 의약품에서 거울상 이성질체는 생체 내에서 다른 활성을 유도해 특히 주의해야 한다. 한쪽이 약효를 내는 반면, 다른 한쪽은 부작용을 일으킬 수 있기 때문이다.

　　그동안 활발히 연구돼온 비대칭 촉매는 금속촉매와 효소였다. 2001년엔 비대칭 금속촉매를 연구한 공로로 3명의 과학자가 노벨 화학상을 받기도 했다. 이후 20년 만에 또 다른 비대칭 촉매가 노벨상을 받은 것이다. 이번에는 비대칭 유기촉매다. 비대칭 유기촉매는 기존 비대칭 금속촉매와 효소의 한계를 극복했다는 평가가 나온다. 비대칭 유기촉매는 금속촉매와 달리 금속이온 없이 비대칭 유기물만으로 반응을 유도해 고려할 요소가 적고, 비대칭 유기물은 구조가 효소보다 훨씬 더 단순하다. 이미 자연에 존재하는 아미노산, 당류처럼 비대칭성을 갖는 유기물을 활용할 수 있어 친환경적이기도 하다.

·새로운 의약품 개발에 크게 기여

비대칭 유기촉매 연구는 2000년에 맥밀런 교수와 리스트 교수가
두 달 간격으로 발표한 두 논문을 기점으로 크게 발전했다. 맥밀런 교수
는 '유기촉매(organocatalysis)'란 용어를 처음으로 사용했다. 미국 하버
드대에 근무하며 금속을 이용한 비대칭 촉매를 개발하는 연구를 했는
데, 가격이 비싸고 공기와 수분에 민감한 금속의 한계를 느끼고는 금속
이온 없이 유기물만으로 촉매를 만든다면 좋겠다고 생각했다. 버클리
캘리포니아대로 옮긴 맥밀런 교수는 금속이 아닌 재료로 새로운 촉매를
개발하기 시작했다. 탄소를 기본 골격으로 삼고 중간에 질소를 결합하
면 질소가 전자친화력이 높은 이미늄 이온으로 바뀌어 금속이온 역할을
할 수 있다는 아이디어를 떠올렸다. 이를 바탕으로 질소 원자를 포함한
촉매를 개발한 뒤 딜스–알더 반응에 적용해 사이클로헥센을 합성하는
데 성공했다. 맥밀런 교수는 이 비대칭 유기촉매 반응결과를 2000년 4
월 〈미국화학회지〉에 발표했다.

리스트 교수는 효율적인 촉매인 효소에 주목했다. 그는 원하는 화
학반응을 유도하는 새로운 효소 변이체를 개발하려고 노력해온 미국 스
크립스연구소의 카를로스 바바스 박사가 이끄는 연구실에서 박사후연

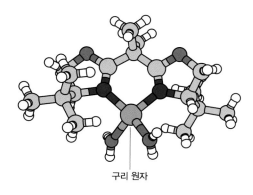

구리 원자

금속 촉매
데이비드 맥밀런은 습기에 쉽게 파괴되는
금속 촉매로 작업했다. 그래서 좀 더 내구성
있는 유형의 촉매를 개발하는 것이 가능한지
궁금해하기 시작했다.

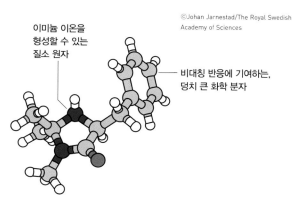

이미늄 이온을
형성할 수 있는
질소 원자

비대칭 반응에 기여하는,
덩치 큰 화학 분자

©Johan Jarnestad/The Royal Swedish
Academy of Sciences

맥밀런의 유기촉매
그는 이미늄 이온을 생성할 수 있는 간단한 분자
몇 가지를 설계했다. 이것들 중 하나는 비대칭
촉매 작용에 탁월한 것으로 증명됐다.

구원으로 근무하면서 좋은 아이디어를 떠올렸다. 리스트 교수는 항체를 촉매로 사용하고자 했다. 항체는 보통 몸에 바이러스나 세균이 침입했을 때 결합하는 물질이다. 리스트 교수 연구진은 그 대신 항체가 화학반응을 일으킬 수 있도록 재설계했다. 또 리스트 교수는 효소의 실제 작동 방식도 깊이 생각했다. 효소는 아미노산 수백 개로 구성된 거대분자로서 화학반응을 유도한다. 그는 아미노산이 효소 일부인지, 아미노산 자체가 효소 기능을 할 수 있는지 궁금해하다가 1970년대 초 아미노산 중 하나인 프롤린이 촉매로 사용된 연구결과에 주목했다. 결국 리스트 교수는 금속이온 없이 아미노산만으로도 효소가 화학반응을 촉진할 수 있다는 사실을 발견했고, 프롤린을 촉매로 이용해 비대칭 알돌 반응을 유도하는 데 성공했다. 이 결과는 2000년 2월 〈미국화학회지〉에 발표했다. 발표 논문에서 유기물만으로도 비대칭 촉매반응을 수행할 수 있음을 강조했다.

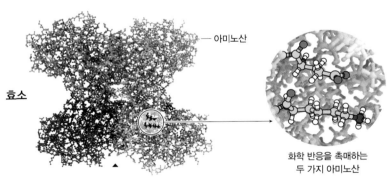

효소

— 아미노산

화학 반응을 촉매하는
두 가지 아미노산

효소는 수백 개의 아미노산으로 구성돼 있지만, 종종 이들 중 소수만이 화학 반응에 관여한다. 베냐민 리스트는 촉매를 얻기 위해 전체 효소가 정말로 필요한지 궁금해하기 시작했다.

베냐민 리스트는 프롤린이라는 아미노산이 단순한 구조에서도 화학 반응을 촉매할 수 있는지 테스트했다. 그것은 훌륭하게 작동했다. 프롤린에는 화학 반응 중에 전자를 제공하고 수용할 수 있는 질소 원자가 있다.

프롤린

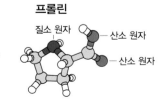

질소 원자 — 산소 원자

— 산소 원자

맥밀런 교수와 리스트 교수가 독립적으로 거둔 연구성과 덕분에 2000년 이후 유기촉매는 눈부시게 발전했다. 친환경적이고 저렴하며 안정적인 유기촉매가 여럿 개발됐다. 이를 통해 새로운 의약품부터 태양전지에서 광자를 포착하는 분자에 이르기까지 효율적으로 개발할 수 있다. 특히 제약사들은 유기촉매를 이용해 간단히 의약품을 제조한다. 예를 들어 불안장애와 우울증 치료제인 파록세틴, 독감 같은 호흡기감염질환을 치료하는 항바이러스제인 오셀타미비르가 바로 유기촉매를 이용한 것이다. 유기촉매는 현재 인류에게 큰 혜택을 주고 있는 셈이다.

노벨 생리의학상, 촉각의 비밀을 밝히다

2021년 노벨 생리의학상은 더위와 추위, 촉각을 감지하는 인간의 능력을 만드는 온도와 촉각 수용체를 발견한 2명의 과학자에게 돌아갔다. 미국 샌프란시스코 캘리포니아대 생리학과 데이비드 줄리어스 교수와 미국 스크립스연구소 신경과학과 아뎀 파타푸티언 교수가 그 주인공

데이비드 줄리어스(미국 샌프란시스코 캘리포니아대)
© Nobel Prize Outreach/Paul Kennedy

아뎀 파타푸티언(미국 스크립스연구소)
© Nobel Prize Outreach/Paul Kennedy

이다. 줄리어스 교수는 온도 수용체를, 파타푸티언 교수는 기계적 감각과 위치 감각 수용체를 각각 밝혀낸 업적을 인정받았다.

　일상에서 당연하게 생각하지만, 우리 몸이 온도와 압력을 어떻게 인지하는지는 오랫동안 미스터리였다. 줄리어스 교수와 파타푸티언 교수가 이 비밀을 풀어낸 것이다. 두 사람이 발견한 온도 수용체와 촉각 수용체는 사람 감각과 환경 사이의 복잡한 상호 작용을 이해하는 데 지금까지 빠져 있던 중요한 연결고리로 주목받고 있다. 이전까지 빛을 감지하는 망막의 로돕신 분자(1967년)와 냄새를 감지하는 후각 상피의 후각수용체 분자(2004년) 연구에 노벨상이 수여됐는데, 2021년 촉각 연구에 노벨상이 주어진 것이다.

·분자 차원에서 촉각을 파헤쳐

　사람이 환경을 어떻게 감지하느냐는 오랜 수수께끼였다. 감각의 기본 원리는 수천 년간 인류의 호기심을 불러일으켰다. 눈이 어떻게 빛을 감지하는지, 소리가 내이(몸의 평형기관과 청각기관으로 이루어진 귀의 가장 안쪽 부분)에 어떻게 영향을 미치는지, 다양한 화합물이 코와 입의 수용체와 반응해 어떻게 냄새와 맛을 느끼게 만드는지 등에 대해서 말이다.

　또한 여름날 잔디밭을 맨발로 걷는다면, 태양의 열기, 바람의 산들거림, 발밑의 풀잎을 느낄 수 있다. 이런 온도 감각, 감촉, 움직임에 대한 감각이 촉각에 속한다. 사실 촉각은 팔다리, 관절, 피부, 점막을 통해 느끼는 모든 감각을 아우른다. 온도, 압력, 진동 등 다양한 자극은 물론이고 자신의 신체 위치, 자세, 움직임을 느끼는 고유 수용성 감각을 포함한다. 촉각은 항상 '깨어 있는' 감각이며, 통증과 밀접하게 관계가 있다는 점에서 다른 감각과 다르다. 그렇다면 촉각은 어떻게 느낄까.

　먼저 과학자들은 환경 변화를 감지하는 특수감각 뉴런의 존재를 확인했다. 조지프 얼랭어와 허버트 개서는 고통이나 접촉처럼 다양한 자극에 반응하는 여러 유형의 감각 신경섬유를 발견했다. 두 사람은 이 공로로 1944년 노벨 생리의학상을 받았다. 이후 신경세포는 다양한 형태의 자극을 감지하고 전달하는 데 특화됐다는 사실이 입증됐다. 손끝으로 표면 질감의 차이를 느끼거나 따뜻함과 차가움을 구별하는 식이다.

그럼에도 신경계가 주변 환경을 어떻게 감지하고 해석하는지를 이해하기 위해서는 한 가지 연결고리를 풀어야 했다. 즉 온도와 기계적 자극이 신경계에서 어떻게 전기 신호로 바뀌는가 하는 문제가 남아 있었다. 분자 차원에서 이 문제를 해결한 과학자들이 바로 줄리어스 교수와 파타푸티언 교수였다.

·온도 수용체와 압력 수용체 발견

세포 바깥의 자극이 어떤 분자를 통해 신경세포를 활성화하는 전기 신호로 바뀔까? 줄리어스 교수는 온도에 대한 해답을 처음 제시했고, 파타푸티언 교수는 물리적 자극에 대한 해답을 처음 발견했다. 1990년대 후반 줄리어스 교수는 고추에서 매운맛을 내는 화합물인 캡사이신을 만졌을 때 어떻게 화끈거림이 느껴지는지 분석했다. 캡사이신은 통증을 일으키는 신경세포를 활성화하는 물질로 알려져 있었지만, 실제로 어떻게 작용하는지는 밝혀지지 않았다. 줄리어스 교수는 통증 신경세포에서 발현되는 유전자들을 하나씩 선택해 테스트할 수 있는

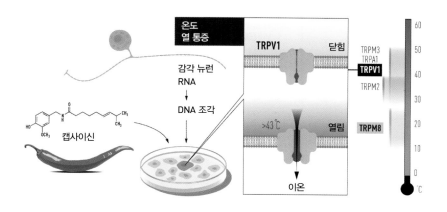

이온 채널 TRPV1의 발견

데이비드 줄리어스는 칠리 페퍼의 캡사이신을 이용해 고통스런 열에 의해 활성화되는 이온 채널 'TRPV1'을 발견했다. 이후 관련 이온 채널들이 추가로 확인됐으며, 이제 다양한 온도가 신경계에서 전기 신호를 어떻게 유도할 수 있는지를 이해한다.

실험 방법을 고안했다. '발현 클로닝 전략(expression cloning strategy)' 이라는 이 방법을 통해 캡사이신에 반응하는 유전자 'TRPV1'을 발견했다. 놀랍게도 TRPV1은 캡사이신에 반응할 뿐 아니라 43℃ 이상의 고온에서도 활성화되는 것으로 드러났다. TRPV1 단백질은 온도 변화에 따라 활성화되는 이온 통로(채널)였다. 즉 온도 감지 수용체를 처음 찾아낸 성과였다.

이후 새로운 온도 감지 유전자와 수용체를 찾기 위한 경쟁이 벌어졌다. 예를 들어 2002년 TRPV1과 반대로 차가움을 감지하는 TRPM8이 발견됐다. TRPM8은 민트의 멘톨이나 26℃ 이하의 온도에서 활성화된다. 현재까지 TRPV1, TRPM8을 비롯해 TRPA1(17℃ 이하 저온에 활성화), TRPV4(37~40℃에 활성화) 등이 밝혀졌다. 이것들은 모두 TRP 계열 유전자로 각자 다른 범위의 온도 변화에 활성화되는 동시에 자극적인 맛을 느끼게 해주는 화합물의 수용체에 관련된다.

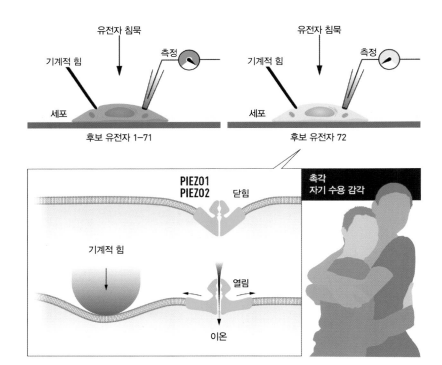

피에조1과 피에조2의 발견
파타푸티언은 기계적 힘에 의해 활성화되는 이온 채널을 찾고자 기계적 자극에 민감한 세포를 배양해 사용했다. 고된 작업 끝에 피에조1이 식별됐다. 피에조1과의 유사성에 근거해 두 번째 이온 채널이 발견됐다(피에조2).

파타푸티언 교수는 다양한 온도 감지 TRP 유전자도 연구했지만, 기계적 자극에 활성화되는 유전자를 찾는 데 도전했다. 마이크로피펫 끝부분으로 세포를 찔렀을 때 전기 신호를 방출하는지를 확인했다. 기계적 자극에 활성화되는 수용체를 이온 채널이라고 가정하고 이 수용체를 암호화하는 것으로 예측되는 후보 유전자 72개를 찾아낸 뒤, 각 유전자 발현을 억제하고 세포를 건드렸을 때 발생하는 전기 신호를 측정했다. 전기 신호가 발생하지 않는다면 그 유전자가 압력 감지 유전자라고 생각했기 때문이다. 결국 파타푸티언 교수 연구팀은 이 방법을 통해 피에조1, 피에조2라는 유전자를 발견해 2010년 〈사이언스〉에 발표했다. 피에조는 압력을 뜻하는 그리스어다. 피에조1, 피에조2 수용체는 손가락으로 피부를 찔렀을 때 전기 신호를 만드는 이온 통로임이 밝혀졌다. 이 두 수용체는 혈압, 호흡, 방광 조절에도 핵심적 역할을 하는 것으로 나타났다.

2021년 이그노벨상

2021년 31회 이그노벨상 시상식은 온라인상에서 진행됐다. ⓒ improbable.com

코뿔소를 왜 거꾸로 매달아 옮길까. 턱수염은 왜 생길까. 성관계가 코막힘에 도움을 줄까. 이처럼 다소 엉뚱해 보이는 궁금증의 답을 찾기 위해 연구한 과학자들이 2021년 31회 '이그노벨상'을 받았다.

이그노벨상은 '있을 법하지 않은 진짜(improbable genuine)'의 약자인 이그(ig)와 노벨상을 합친 말로, 노벨상 발표 한 달 전인 9월에 수상자를 공개하는 '짝퉁 노벨상'이다. 1991년부터 미국 하버드대 유머과학잡지 『황당무계 연구연보(Annals of Improbable Research)』에서 '웃어라, 그리고 생각하라'는 캐치프레이즈를 내걸고 매년 기발한 연구성과를 선정해 이그노벨상을 준다.

2021년에도 10개 부문에 걸쳐 수상자를 발표했다. 해마다 수상 분야가 조금씩 바뀌는데, 2021년에는 의학, 경제학, 생물학, 생태학, 화학, 평화, 물리학, 역학, 곤충학, 운송 분야에서 수상자가 나왔다. 주요 분야의 연구성과를 살펴보자.

운송상: 코뿔소를 거꾸로 매달면?

나미비아에서는 멸종 위기에 놓인 코뿔소를 보존하기 위해 인적이 드문 산간지역으로 코뿔소를 옮기는 프로젝트를 진행하고 있다. 보통 코뿔소를 트럭으로 옮기지만, 도로가 없는 지역으로 옮길 때는 헬기를 이용해야 한다. 그런데 헬기 운송은 코뿔소에게 어떤 영향을 줄까. 미국 코넬대 로빈 래드클리프 교수 연구진이 나미비아 환경산림관광부의 도움을 받아 1t가량의 검은 코뿔소 12마리로 이 문제를 연구해 운송 분야 이그노벨상을 받았다. 연구진은 10분간 거꾸로 매달았을 때와 옆으로 눕혔을 때 코뿔소의 몸 상태를 조사해 비교했다. 그 결과 두 자세 모두 저산소증을 보였지만, 거꾸로 매달았을 때 동맥의 산소 압력이 4mmHg 더 크게 나타났다. 저산소증일 경우 산소 압력이 높아야 수분이나 근육 손실 가능성이 낮기 때문에 연구진은 코뿔소가 거꾸로 매달렸을 때 영향을 덜 받는다는 결론을 내렸다.

거꾸로 매달려 옮겨지고 있는 검은 코뿔소.
© 나미비아 환경산림관광부

의학상: 성관계가 코막힘을 해소한다?!

성관계를 할 때 몸에 여러 변화가 생기는데, 그중 콧속에서는 어떤 변화가 나타날까. 많은 연구자가 꺼리던 이 주제를 실험으로 밝힌 독일 하이델베르크병원 올세이 셈 불루트 교수 연구진은 의학 분야 이그노벨상을 받았다. 연구진은 36명을 대상으로 성관계 이후 콧구멍 내 공기 흐름을 측정한 결과, 공기 흐름 속도가 빨라졌고 흐름을 막는 저항력이 감소했다는 사실을 알아냈다. 이 효과는 1시간가량 계속됐다. 특히 연구진은 오르가슴이 코막힘에 쓰이는 약만큼 효과가 있음을 증명하기 위해 노력했다는 점을 인정받았다.

평화상: 턱수염은 왜 생길까?

남자는 청소년 시기 이후에 턱수염이 자라기 시작한다. 턱수염은 매일 깎아도 왜 계속 생기는 걸까. 미국 유타대 연구진이 '턱수염이 연약한 얼굴 뼈 보호에 미치는 영향'이라는 주제의 연구결과로 이그노벨상 평화상을 받았다. 연구진은 양가죽, 양털, 섬유 등으로 사람의 뼈, 피부, 수염 등을 본뜬 모형을 만든 뒤 그 위에 무거운 물체를 떨어뜨리는 실험을 했다. 그 결과 양털이 많이 붙어 있을수록 모형이 충격을 덜 받는다는 사실을 확인했고, 이를 바탕으로 연구진은 수염이 외부 충격으로부터 턱처럼 약한 얼굴 뼈를 보호하는 데 유용하며 피부 손상이나 근육 부상도 막아준다고 주장했다.

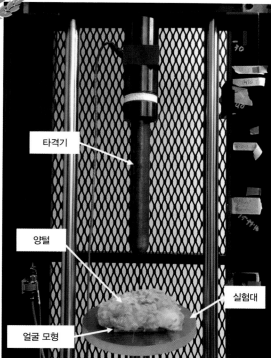

타격기

양털

실험대

얼굴 모형

미국 유타대 연구진이 턱수염의 얼굴 보호 능력을 증명하는 데 사용한 모형. ⓒ 유타대

역학상: 스마트폰에 빠진 '좀비'는 위험하다?

거리에서 스마트폰에 빠져 길을 걷는 사람들을 쉽게 발견할 수 있다. 마치 넋이 빠진 좀비처럼 보여 '스몸비(스마트폰 좀비)'라고 부르기도 한다. 일본 교토공예섬유대 무라카미 히사시 교수 연구진은 스몸비가 주변 보행자들의 걸음 속도를 늦추며 심할 경우 충돌이 일어날 수 있다는 사실을 밝혀 역학 분야 이그노벨상을 받았다. 연구진은 보행자 54명을 두 그룹으로 나눠 폭 3m, 길이 10m의 직선 통로를 걷게 하는 실험에서 한 그룹 중 3명에게 스마트폰에 나온 문제를 풀면서 걷도록 했다. 실험 결과 주변 보행자들이 이 3명과 부딪치지 않으려고 움직이다 보니, 그냥 걸을 때보다 집단의 보행 속도가 전체적으로 느려졌다.

스마트폰을 보며 길을 걷는 위험을 경고하는 표지판.

이 외에도 고양이가 내는 소리에 따라 의사소통 방법을 분석한 연구(생물학상), 5개국을 돌며 포장지에 붙은 채 버려진 껌을 분석해 각기 다른 종의 세균을 확인한 연구(생태학상), 미군 잠수함 내 바퀴벌레 제거법 연구(곤충학상), 군중 속의 사람들이 충돌하지 않는 이유를 입자의 운동 이론으로 설명한 연구(물리학상), 영화의 등급(선정성, 폭력성 등에 따른 분류)에 따라 달라지는 사람의 체취를 화학적으로 분석한 연구(화학상), 정치인들의 비만 정도가 그 나라의 부패를 드러내는 지표일 수 있다고 증명한 연구(경제학상)가 이그노벨상을 받았다.